Springer

雾计算
——物联网的边缘智能

Fog Computing in the Internet of Things
Intelligence at the Edge

［美国］阿米尔·M.拉哈马尼（Amir M.Rahmani）

［芬兰］帕西·利尔耶贝格（Pasi Liljeberg）

［美国］侏戈－索伦·普里登（jürgo–Sören Preden）   编著

［奥地利］阿克萨尔·詹士（Axel Jantsch）

李　峰　张　磊　译

U0185844

中国科学技术出版社
·北　京·

图书在版编目（CIP）数据

雾计算：物联网的边缘智能 /（美）阿米尔·M.拉
哈马尼等编著；李峰，张磊译. -- 北京：中国科学技
术出版社，2024.2
书名原文：Fog Computing in the Internet of Things
Intelligence at the Edge
ISBN 978-7-5236-0470-0

Ⅰ.①雾… Ⅱ.①阿… ②李… ③张… Ⅲ.①网络计
算 Ⅳ.① TP393.027

中国国家版本馆 CIP 数据核字（2024）第 039313 号

著作权合同登记号：01-2019-6910
First published in English under the title
Fog Computing in the Internet of Things; Intelligence at the Edge
edited by Amir Rahmani, Pasi Liljeberg, jürgo-Sören Preden and Axel Jantsch
Copyright © Springer International Publishing AG, 2018
This edition has been translated and published under licence from
Springer Nature Switzerland AG.

策划编辑	王晓义
责任编辑	李新培
封面设计	锋尚设计
正文设计	中文天地
责任校对	张晓莉
责任印制	徐　飞

出　　版	中国科学技术出版社
发　　行	中国科学技术出版社有限公司发行部
地　　址	北京市海淀区中关村南大街 16 号
邮　　编	100081
发行电话	010-62173865
传　　真	010-62173081
网　　址	http://www.cspbooks.com.cn

开　　本	720mm×1000mm　1/16
字　　数	202 千字
印　　张	11.25
版　　次	2024 年 2 月第 1 版
印　　次	2024 年 2 月第 1 次印刷
印　　刷	北京荣泰印刷有限公司
书　　号	ISBN 978-7-5236-0470-0 / TP·466
定　　价	53.00 元

译 者 序

随着物联网技术的广泛应用，物联网设备和用户迎来井喷式增长，海量物联数据对网络传输带宽、任务处理时延、云计算负载都会造成巨大的压力，传统的云计算中心网络架构无法满足异构、低延时、密集化的网络接入和多样化的服务需求。对此，业界引入雾计算概念，通过在网络边缘部署雾计算节点作为感知层和云层之间的中间层，形成云雾一体化的物联网架构。雾计算作为云计算中心的补充，与感知层距离更近并能够实现对云计算任务的分流，降低了网络时延和带宽负载，同时也为部署物联网系统组件提供了更多的灵活性。

本书从雾计算介绍、雾层的管理、雾层的服务、程序应用示例4个方面对物联网环境中雾计算的特性、架构和功能进行了全面阐述。第1部分包括第1章，介绍了雾计算的基本概念、基本原理、雾层的特性以及雾层服务集，概括了雾计算的总体背景，作为理解后续章节的基础。第2部分包括第2章和第3章，详细介绍了基于雾计算的物联网可扩展性和雾层的资源估算，以适应新增的海量物联设备。第3部分包括第4章、第5章和第6章，主要介绍了通过雾层实现的物联网安全性和私密性，通过雾计算实现物联网系统的学习和自感知，以及智慧城市应用中的数据分析。最后一部分包括第7章和第8章，讨论了物联网系统的具体应用场景以及雾计算在这些领域中的优势，并介绍了雾计算在电网和能源管理领域、医疗物联网领域的实际应用案例。

本书可以作为高等院校物联网工程、计算机、网络通信等相关专业的教学参考书使用，也可供从事物联网领域的研究人员阅读参考。

感谢中国科学技术出版社科学教育分社王晓义社长、李新培编辑在本书翻译全程给予的耐心帮助和悉心指导，感谢北京航空航天大学外国语学院董敏教授，军事科学院系统工程研究院张建民、权欣宇、贺志洋、董建超等在稿件总体把握、部分术语校对、文本排版和图片技术处理等方面给予的支持。

目　录
Contents

第 1 部分　雾计算介绍

第 2 部分　雾层的管理

第 3 部分　雾层的服务

第 4 部分　程序应用示例

第 1 部分

雾计算介绍

第1章
物联网中的雾计算基本原理

贝海鲁·内加什，阿米尔·M.拉哈马尼，
帕西·利尔耶贝格，阿克萨尔·詹士

1.1　引言

物联网（IoT）是一种自配置和自适应的网络，能将现实世界的事物连接到互联网，使之能够与连接的对象进行通信，从而实现一系列相应的服务[1]。物联网的这种定义并不全面，如［1］中所述，它有各种不同的定义。物联网一词起源于美国麻省理工学院自动识别中心，由凯文·阿什顿于1999年选定[2]。1982年，美国卡内基梅隆大学的一群学生首次提出了将设备连接到互联网上远程监控其状态的概念，并设法将可乐售卖机连接到互联网并远程监控其状态[3]。科学技术的进步使计算设备的体积更小、成本更低、速度更快，并能够感知环境、进行远程通信和操作，这使得人们越来越关注将物联网应用于生活的各个方面，如智慧城市、医疗保健和智能家居。其中一些应用将在本书的最后一部分进行详细讨论，重点介绍雾计算在各个领域的优势。

物联网已经在我们周围，它连接起可穿戴设备、智能汽车和智能家居系统。2020年有超过500亿台设备连接到互联网[4]。引入如此大量的连接设备需要可扩展架构来适应它们，同时又要确保不会降低应用程序所要求的服务质量。此外，构成物联网的大多数设备都受资源限制，如计算能力、能源、带宽和存储等。这些约束限制了使用此类物联网设备的应用程序的部署方案。例如，将使用电池供电的传感器直接连接到互联网上，并长时间发布其周围环境的信息，或在本地内存中存储较长时间的读数，这些都是不可实现的。这些限制因素带来了设计上的挑战，正在以多种方式塑造物联网的架构。［5］中总结了一些物联网的问题和各领域相应的解决方案。这些挑战可以通过将云计算功能扩展到物联网设备来缓解雾计算[6]，也称为边缘计算，它是对云层向下扩展的中间层。

雾计算层使计算、网络和存储服务更接近物联网中的终端节点。与云计算相比，该计算层是高度分布式的，并为位于感知层的终端设备引入了额外的服务[7]。这种桥接层的叫法各不相同，但目的却相似。例如，边缘计算[8, 9]、微云[10]和朵云[11]是一些相关术语。无论名称如何，在物联网中引入中间计算层的概念可以帮助解决一些问题。此外，集成在雾计算层中的服务集可能是巨大的。其中一些服务是云计算提供服务的扩展版本，而大多数服务是最近开始出现的，以应对物联网挑战。本章将介绍物联网需求的基础知识，这些需求可以凸显雾计算的优势，并讨论该层的一些特性、组织架构和功能。后面章节将更详细地解释这些概念，并给出雾计算的具体实现方案和使用案例。为了展示本书的整体组织架构，我们将在本章的最后部分简要介绍每章的内容。

1.2　雾计算的背景和用途

物联网的架构是一个热门的研究领域。架构在决定系统成功方面起着至关重要的作用。因此，从公共项目到工业标准协会和学术机构都在进行一些研究，以建立一个可行的物联网架构。[12]中介绍了一些相关的研究成果。不管具体的应用领域或实现方式如何，大部分的架构方案都是通用的物联网模型。最著名的物联网架构（IoT-A）[13]提供了通用的物联网领域模型作为基础参考架构。在模型的功能视图中，IoT-A确定了物联网系统的组成部分，如通信、安全、管理和物联网服务是主要元素。物联网系统的另一个通用组件视图在[5]中给出，[5]中将物联网作为识别、传感、通信、计算、服务和语义的集成。这些物联网的模块化分类是根据每个单元的功能来划分的。其中一些单元可以位于单个设备中。但是根据定义，物联网系统是分布式系统。因此，前面确定的组件在地理上是分布的，通信组件负责连接它们。在最简单的形式中，可以形成2个组：第1组包含识别和感测，第2组包含计算、服务和语义（在IoT-A模型的情况下也可以实现类似的分离）。为了找到最佳水平的功能分类和物理分离，研究人员提供了不同的替代方案。

让物联网设备通过互联网可见的一个简单方法是为其提供访问云服务器的权限，这样它就可以上传数据、接收通知或命令。在这种配置中，客户端处理从环境中读取的数据，其余大部分功能在云中运行。这种传统的构建物联网不同组件的客户端 – 服务器方式仍然被许多供应商使用。而且这种架构还有许多变体，可以将系统的某些逻辑组件分成 3 层或 5 层[5]（图 1.1）。这些组件的分离主要基于模块的功能。在 3 层架构中，传感器出现在较低的感知层中。位于感知层顶部的网络层将传感器连接到最顶层的应用层。在这种方法中，每层的功能都是不同的。感知层中的传感器和执行器收集通过网络传输的数据，将其传输到应用逻辑。图 1.1 显示了物联网组件的不同类型的逻辑分离。该架构的另一种方案是将这些层分为 5 层，其中一些变体将中间件层和对象抽象视为单独的层。这些附加层帮助提供集成服务，并将设备封装在感知层中。尽管通过逻辑上分离的组件层可以实现模块化和便捷化的功能，但它无法满足感知层的要求，如低延迟通信和高移动性。

图 1.1　物联网架构方案（3 层和 5 层）[5]

如图 1.2 所示，感知层或传感器层可以由数百万个设备组成。大多数设备体积很小，由电池供电，内存小且处理能力有限。这种资源限制需要创新的设计方法才能解决。此外，各种无线通信协议被广泛应用于网络，如 Wi-Fi、低功耗蓝牙（BLE）、NFC、ZigBee、RFID 和 6LoWPAN 等。除了上述网络协议的不同版本之外，即使在使用相同底层网络协议的设备时，应用层协议也存在差异。例如，CoAP[14]、MQTT[15]、DDS[16] 和 XMPP[17] 是常用的几种协议。这些协议使用多种数据格式，但是在应用程序中的组织形式是特定的。前面提到的资源限制、协议、平台和数据格式的异构性要求设计出更有效和对物联网友好的架构。

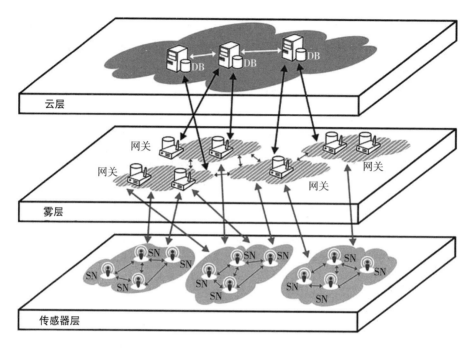

图 1.2   基于物联网雾计算的高级概述

系统的具体体系结构设计过程取决于特定应用程序的属性。但是，基于前面强调的物联网问题和要求，需要设计出一个合理的通用架构。在生成 3 层或 5 层的功能组件逻辑分离之后，我们可以将逻辑组件映射到物理计算层。如前所述，在客户端 – 服务器方法中，大多数组件（图 1.1）将在云服务器中运行。然而，这种方法并没有解决上述的问题。这就需要开展对另一种适用于物联网的计算层次结构的研究。雾计算作为感知层和云层之间的中间层被引入，为部署物联网系统架构的组件提供了更多的灵活性。图 1.2 展示了雾计算如何处理感知层或传感器与云层之间的关系。在后面章节中，将通过给出有关内部组织架构和服务的更多信息来讨论此层。

1.3   雾计算的基础知识

物联网的引入为互联网带来了数十亿台设备，其中大部分设备都受资源的限制。为了克服这些资源的限制并满足应用领域的要求，对中间计算层的需求变得显而易见。雾计算的概念是功能单元物理分离的最新产物，它是离感知层更近的计算层，是传感器和执行器所在的层，可以提供计算、网络和存储服务。为了适应这些服务并满足物联网系统的要求，雾层提供了如下所述的特性。

1.3.1　雾层的特性

雾层作为中间计算层，其特性通过与感知层和云层相比较而得出。与云层相比，雾层更接近感知层，这种接近提供了一系列的优势，同时这些优势也是雾层的特点。与云层相比，雾层一个直接的好处就是它的位置感知能力。这种感知来自构成雾层的设备的大规模地理分布[6]。如图 1.2 所示，雾层中的每个网关管理着感知层或传感器层中的节点子集。该资源受限设备的子集彼此靠近，并且通过管理网关可以轻而易举地定位每个设备。同时还可以利用雾层的位置感知来解决物联网应用的多种功能和非功能需求，如移动性和安全性。与集中式云层相比，雾层的另一个密切相关的特征是其大规模分布。在这种情况下，集中性是相对的。从客户端层面来看，云层是集中的。然而，从云服务器的组织来看，它在地理上是分布式的，但却远不及雾层预期的规模。例如，亚马逊公司等云服务提供商在不同地区拥有多个数据中心。由于网关的间隔距离小且部署量大，雾层中的地理分布情况不同。

位置感知和大规模地理分布的综合优势支持设备或"物"在感知层上的移动性需求。后面的章节将简述可用于提供移动性的服务和实际应用。此外，雾层与节点的紧密连接提供了与感知层中传感器和执行器的实时交互模式。雾层的关键特征是地理分布和低通信延迟。一些物联网应用领域，如医疗保健或汽车，它们高度依赖此类功能。例如，文献［18］中介绍了基于边缘特征提取的 ECG 案例研究。

物联网一般由无线网络主导，有许多无线协议，主要是针对低功耗操作、覆盖范围或带宽而定制的。例如，6LoWPAN[19]、BLE、窄带物联网协议（NB-IoT）[20]、LoRa[21] 和 Sigfox[22] 就是其中一些协议。大部分协议将传感器节点连接到雾层以访问互联网。这些协议通常彼此不兼容。为了解决这个问题，雾层在这些异构协议中充当可解释性层。有一些中间件建议使用该层作为转换或适应不同网络和应用程序协议的手段[23]。雾层中的网关还可以在边缘执行轻量级分析，以实时向终端用户以及传感器节点提供反馈、指令和通知。

此外，雾计算本身的内部组织可以根据连接设备的功能或位置进行联合或分层方式排列。

1.3.2 雾层的设计和组织

基于雾层的特征以及强调的服务集，可以以高效的方式构建雾层以满足其要求。本节对于建构一个可用的中间层来说不够全面，仅仅提供了介绍性信息，在后面的章节中会有更详细的论述。首先，考虑为其附近的客户提供网关或无线热点。这种网关的作用是将网络数据包传递到连接互联网的后端基础设施。在更大的环境中，可以安排多个接入点，以便为用户提供整个预期区域的连接。考虑到连接雾层的大量设备，该层可以被视为覆盖更大区域的网络。除了简单地传递网络数据包外，这些联网的智能网关还可以处理数据或在必要时存储数据[18]。图 1.2 展示了雾层，其中分布式智能网关与云层、传感器层之间进行通信。在雾层的网关中，网络接口是支持 1.3.1 中各种无线网络协议的关键组件。

1.4 雾计算服务

在 1.3.1 中已经强调了雾计算层的特性。我们提到可以利用这些特性来辅助感知层的服务，从而满足整体系统要求。该层利用其与传感器层的接近性，提供了云层扩展的服务，以及仅在该层可行的特有服务。本节概述了雾层中可能服务子集以及实现物联网的相关优势，这些服务分为计算、存储和网络服务。

1.4.1 计算服务

感知层中设备的计算能力受到限制，这就需要引入远程处理方法。雾层的处理不仅受到传感器节点处理能力的限制，还受到所需的计算位置的影响，从而更好地满足系统需求并保持能源效率。早期的基于云的处理可以下放到雾层，以进行本地化处理和即时响应[24, 25]。在这方面，物联网系统的不同层之间可以有多种分担计算负载的配置，根据实际工作的不同，处理需求可能也会有所不同。例如，实现数据处理以学习特定模式的系统，其工作负载可以这样分配：本地模式可以在雾层中识别，而通用模式只能在云层中使用。在下一章

中将对此负载分配进行详细讨论。除了数据管理，还可以在雾层处理事件。该
层的接近性使其成为处理事件的理想对象，可以实时做出反应，提高系统的可
靠性。此外，有许多中间件层利用雾层，通过抽象、基于代理的管理和虚拟机
的方式来管理物理设备。

1.4.2　存储服务

传感器节点可以生成大量的数据，并且周围有数十亿这样的传感器设备。
考虑到数据生成速率，感知层中的设备的可用存储通常不足以存储一天的数
据。如前所述，将所有数据直接推送到云端是没有必要的，特别是当数据不
相关或冗余的时候。在这种情况下，更为明智的做法是过滤数据和暂时将数
据存储在中间雾层中[26, 27]。结合计算服务，可以对存储的数据进行过滤、分
析和压缩，以便有效传输或学习关于系统行为的本地信息。在通信不稳定的
情况下，存储服务通过维护客户端节点的系统行为来帮助提高系统的可靠性。
萨卡（Sarkar）等人[28]在评估物联网的雾计算时，提出了雾层的这些特征。

1.4.3　通信服务

物联网中的通信由无线节点主导。由于感知层中的资源限制，这些无线
协议针对低功率操作，并对窄带传输或更长的覆盖范围进行了优化。目前，市
场上有很多替代协议[29]。雾层位于战略位置，用于组织这些大量的无线协议，
并统一其与云层的通信。这有助于管理传感器和执行器的子网络安全，同时能
够在设备之间传递消息，以及增强系统的可靠性。此外，该层可以通过列出和
解释格式来提供不同协议的互操作性。此外，雾层还提供了非 IP 设备的可视
性，可以通过互联网进行访问[26]。

1.5　概述及本书结构

本章简要介绍了物联网中的雾计算，解释了使用雾计算作为中间计算层
强化物联网系统设计的原因。此外，对雾层的内部结构和组织进行了介绍。基
于对雾计算需求，我们展示了物联网系统的功能单元以及这些单元在雾计算层
上的分布。然而，物联网系统的需求（如感知层的移动性和资源约束）需要一
个邻近层。与云层的字面含义相比，这一层更接近地面，因此被称为雾层，雾

层为传感器和执行器提供连接、存储和处理的功能。为了实现这些功能和规模，雾层采用模块化的组织结构。这些通过雾计算提供的服务分为3个主要类别，即计算、存储和支持传感器节点的网络功能。

物联网感知层的无线网络协议、平台、体系结构的异构特性，使得构建一个完整可靠的系统变得困难。雾层提供的服务可以用来隐藏这种异构性，并通过互联网为用户提供感知层的统一访问通道。在接下来的章节中，本书通过实际实施和评估其性能的某些方面，对这些概念进行了充分的探讨。

本书共分为8章，为读者提供有关物联网环境中雾计算的全面信息。第1章初步概述了雾计算概念、特性，以及可以在此层中托管的可以满足物联网系统要求的可能服务集。从本质上讲，它提供了总体背景，作为理解后续章节的基础。图1.3显示了本书的结构。本章提供了广泛而浅层的基础概念，并通过2节内容详细介绍了以管理为重点的雾计算的内部结构。第2章和第3章详细介绍了基于雾的物联网可扩展性和雾层的资源估算，以适应新增的数十亿互联网连接设备。本书的第3部分包含3章，进一步讨论了雾层所需的一些关键服务。第4章、第5章和第6章主要介绍了通过雾层实现的物联网的安全性和私密性，通过雾计算实现物联网系统的学习和自感知，以及智慧城市应用中的详细数据分析。

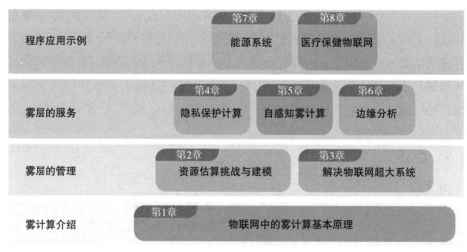

图 1.3　本书结构

本书的最后一部分有2章，讨论了物联网系统的具体应用场景以及这些领域中雾计算的优势。第 7 章和第 8 章分别用具体的应用场景解释电网控制系统实施和医疗保健这 2 个应用领域。

1.6　参考文献 [①]

［1］R.Minerva, A.Biru, D.Rotondi, Towards a definition of the internet of things（IoT）. Technical report, IEEE, 2015.

［2］K. Ashton, That 'Internet of Things' thing: In the real world, things matter more than ideas, RFID Journal,http://www.rfidjournal.com/articles/view?4986.

［3］CMU, The "only" coke machine on the internet,http://www.cs.cmu.edu/~coke/.

［4］S. Ray, Y. Jin, A. Raychowdhury, The changing computing paradigm with internet of things: a tutorial introduction. IEEE Des. Test 33（2）, 76–96（2016）.

［5］Al-Fuqaha, M. Guizani, M. Mohammadi, M. Aledhari, M. Ayyash, Internet of things: a survey on enabling technologies, protocols, and applications. IEEE Commun. Surv. Tutorials 17（4）, 2347–2376, Fourth quarter（2015）.

［6］F. Bonomi, R.Milito, J.Zhu, S.Addepalli, Fog computing and its role in the internet of things, in *Proceedings of the First Edition of the MCC Workshop on Mobile Cloud Computing*, MCC '12（ACM, New York, 2012）, pp. 13–16.

［7］S. Yi, C. Li, Q. Li, A survey of fog computing: concepts, applications and issues, in *Proceedings of the 2015 Workshop on Mobile Big Data*, Mobidata '15（ACM, New York, 2015）, pp.37–42.

［8］F. Jalali, A. Vishwanath, J. de Hoog, F. Suits, Interconnecting fog computing and microgrids for greening IoT, in *2016 IEEE Innovative Smart Grid Technologies-Asia （ISGT-Asia）*, Nov 2016, pp.693–698.

［9］Salman, I. Elhajj, A. Kayssi, A. *Chehab*, Edge computing enabling the internet of things, in 2015 *IEEE 2nd World Forumon Internet of Things（WF-IoT）*, Dec 2015, pp.603–608.

［10］M. Selimi, L. Cerdà-Alabern, L. Wang, A. Sathiaseelan, L. Veiga, F. Freitag, Bandwidth-aware service placement in community network micro-clouds, in *2016 IEEE 41st Conference on Local Computer Networks（LCN）*, Nov 2016, pp.220–223.

［11］M. Satyanarayanan, P. Simoens, Y. Xiao, P. Pillai, Z. Chen, K. Ha, W. Hu, B. Amos, Edge analytics in the internet of things. IEEE Pervasive Comput. 14（2）, 24–31（2015）.

［12］S. Krco, B. Pokric, F. Carrez, Designing IoT architecture（s）: a European perspective, in *2014 IEEE World Forum on Internet of Things（WF-IoT）*, Mar 2014, pp.79–84.

［13］IoT-A Project, Internet of things–architecture, IoT-A, deliverable d1.5-final architecture

---

① 为方便检索，参考文献保留原著中的格式。

reference model for the IoT v3.0. Technical report, EU-FP7,2013.

［14］Z.Shelby, K.Hartke, C.Bormann, The constrained application protocol（CoAP）, https://tools. ietf.org/html/rfc7252.

［15］OASIS, MQTT version 3.1.1 oasis standard, http://docs.oasis-pen.org/mqtt/mqtt / v3.1.1/os/ mqtt-v3.1.1-os.pdf.

［16］OMG, Data distribution service DDS,http://www.omg.org/spec/DDS/1.4/.

［17］XSF, Extensible messaging and presence protocol（XMPP）, https://xmpp.org/ extensions/index. html.

［18］T.N. Gia, M. Jiang, A.M. Rahmani, T. Westerlund, P. Liljeberg, H. Tenhunen, Fog computing in healthcare internet of things: a case study on ECG feature extraction, in *2015 IEEE International Conference on Computer and Information Technology; Ubiquitous Computing and Communications; Dependable, Autonomic and Secure Computing; Pervasive Intelligence and Computing*, Oct 2015, pp.356–363.

［19］N. Kushalnagar, G. Montenegro, C. Schumacher, IPv6 over low-power wireless personal area networks（6LoWPANs）: overview, assumptions, problem statement, and goals, https://tools. ietf.org/html/rfc4919.

［20］Y.-P.E. Wang, X. Lin, A. Adhikary, A. Grövlen, Y. Sui, Y.W. Blankenship, J.Bergman,H. Shokri-Razaghi, A primer on 3GPPnarrowband internet of things（NB-IoT）. CoRR, abs/1606.04171（2016）.

［21］LoRa Alliance, LoRa wide area network for IoT,https://www.lora-alliance.org/What-Is-LoRa/Technology.

［22］Sigfox, About sigfox,http://www.sigfox.com/.

［23］B. Negash, A.M. Rahmani, T. Westerlund, P. Liljeberg, H. Tenhunen, LISA 2.0: lightweight internet of things service bus architecture using node centric networking. J. Ambient Intell. Humaniz. Comput. 7（3）, 305–319（2016）.

［24］S.K. Datta, C. Bonnet, J. Haerri, Fog computing architecture to enable consumer centric internet of things services, in *2015 International Symposium on Consumer Electronics* （*ISCE*）, June 2015, pp.1–2.

［25］P. Hu, H. Ning, T. Qiu, Y. Zhang, X. Luo, Fog computing-based face identification and resolution scheme in internet of things. IEEE Trans. Ind. Inf. PP（99）, 1–1（2016）.

［26］A.M. Rahmani, N.K. Thanigaivelan, T.N. Gia, J. Granados, B. Negash, P. Liljeberg, H. Ten-hunen, Smart e-health gateway: bringing intelligence to internet-of-things based ubiquitous healthcare systems, in *2015 12th Annual IEEE Consumer Communications and Networking Conference*（*CCNC*）, Jan 2015, pp.826–834.

［27］A.M. Rahmani, T.N. Gia, B. Negash, A. Anzanpour, I. Azimi, M. Jiang, P. Liljeberg, Exploiting smart e-health gateways at the edge of healthcare internet-of-things: a fog computing approach. Futur. Gener. Comput. Syst.（2017）. http://www.sciencedirect. com/science/article/ pii/S0167739X17302121.

［28］S.Sarkar,S.Chatterjee,S.Misra,Assessment of the suitability of fog computing in the context of internet of things. IEEE Trans. Cloud Comput. PP（99），1–1（2015）.

［29］Z. Sheng, S. Yang, Y. Yu, A.V. Vasilakos, J.A. Mccann, K.K. Leung, A survey on the ietf protocol suite for the internet of things: standards, challenges, and opportunities. IEEE Wirel. Commun. 20（6），91–98（2013）.

第 2 部分

雾层的管理

第 2 章
雾中的物联网资源估算挑战与建模

穆罕默德·阿扎姆，马克·圣希莱尔，龙钟宏，
扬尼斯·兰巴达里斯，韩伊南

2.1 引言

随着传感器网络、电子设备和数字设备的进步，包括物联网在内的服务正在迅速普及。截至目前，已有大约 100 亿台连接设备，2020 年达到 240 亿台[1]。思科系统公司和爱立信公司甚至预测，到 21 世纪末，全球设备数量将达到 500 亿台[2, 3]。在这样的趋势下，很多设备将成为物联网的一部分。这些设备以及数据也将是异构的，以不规则的频率生成。在这种情况下，物联网本身不能自给自足地管理相关的挑战[4]。很多任务也将通过雾计算来处理。此外，云也将提供一些服务[5]，因为物联网和传感器会受资源限制。在这种情况下，雾将成为一种中介，并且能够执行远程云可能无法有效完成的任务。为了卸载任务和预处理原始数据，雾将出现在底层节点附近。雾还能通过整合更好的响应能力来最小化延迟和提高服务质量。然而，对于多媒体流和其他延迟敏感服务来说，不可避免地会在没有雾的情况下运行，这将消耗更多的处理能力和存储空间。实际中需要提供多媒体服务的场景很多，如视频点播、视觉传感器网络或连接到云端的闭路电视（CCTV）等。

资源调度变得很棘手，特别是在移动节点的情况下。当底层节点移动时，资源利用不足变得更加明显。服务提供商必须处理客户意想不到的、不可靠的使用服务行为，从而需要动态地基于客户历史记录来进行资源分配。在这种情况下，雾可以发挥重要的作用，因为它靠近用户，能够以更现实的方式动态地做出决策。此外，关键任务和延迟敏感的物联网服务需要非常快速的响应和处

理。在这种情况下，通过互联网可访问的远程云进行通信是不可行的。类似 CoT 的场景就适用于这种情况，其中卸载和延迟敏感任务可以通过雾计算在本地处理，而深度学习、大数据、长期存储和其他处理丰富的任务由云完成[5]。

雾计算的概念是将网络资源带到生成数据的节点附近，我们将其称为感知层，因为要从那里感知数据。雾在感知层顶部创建了另一层，而云则居于云层顶端。雾资源位于感知层和云层之间。雾计算是传统云计算范式向网络边缘的扩展，有助于创建更精细的和上下感知的服务[6]。对于移动节点，如移动车辆或无人机，雾通过位于公路和轨道沿线的代理和接入点提供低延迟和高质量的流服务。同样，资源和功率受限的单个节点，如传感器网络（WSNs）和虚拟传感器网络（VSNs）将能够利用雾的存在。雾还适用于与紧急情况和灾难管理、游戏、医疗保健、增强现实、图形 / 数据挖掘等相关的服务[7]。但它在很大程度上取决于雾计算中资源的管理方式。资源管理必须非常动态，并且与服务类型和设备类型相一致。通信手段也起着重要作用，因为动态或静态意味着即使对于相同的服务也需要不同的资源分配。动态预估资源的方法之一是合并服务客户的使用模式和历史记录。由于历史数据会为雾提供可预测性，因此可以执行定制的资源估算。

本章是基于我们之前的工作，在［8］中介绍了更多相关工作的细节。我们提供了一种基于历史记录的资源估算方法，以减少资源利用不足问题，并提高多媒体物联网的服务质量。这项工作的价值表现在 2 个方面。首先，我们通过整合云服务客户的历史记录来扩展传统的雾层物联网资源管理，这有助于高效、有效和公平地管理资源。其次，为了增强 QoS 和 QoE，基于请求设备的类型来预估资源。该模型使用 Java 实现，并使用 CloudSim 在云 - 雾情境中进行评估。我们还讨论了一些具有挑战性的主要场景，在这些场景中，雾资源管理需要非常规的资源估算方法。

2.2 本章的价值

本章基于客户的放弃率和体验服务质量，提供了通过雾实现动态资源估算的方法。通过这种方法，引入了一个动态资源确定模型，该模型考虑了客户以及提供商的利益。客户可以得到其应得的服务。另外，提供商获得客户的可靠性，最大限度地减少资源利用不足和服务放弃的可能性。

2.3　相关工作

雾计算是一个非常新的概念，因此没有大量的文献可供参考。大部分工作主要集中在云资源管理上，没有考虑雾计算的情境。以下是有关物联网资源管理的相关论文示例。

阿布·埃尔凯尔（Abu-Elkheir）等人[9]详细阐述了物联网中的数据管理。作者指出了不同的设计参数是如何用于数据管理的。但是，如何在云层处理数据和物联网节点以及如何为生成的数据管理资源不在本研究的考虑范围。库博（Cubo）等人[10]介绍了他们在通过云访问的异构设备集成方面的工作。然而，其所提出的工作并未涉及云中此类设备的资源管理的关键问题。宁（Ning）和王（Wang）在［11］中讨论了物联网的潜力和它将产生的数据量。作者还强调了未来互联网资源的有效管理，其中异构物联网将是一个至关重要的部分。查特吉（Chatterjee）和末斯拉（Misra）[12]通过传感器－云基础设施提供传感器到各自目标的映射。但是，如何以动态方式为每个节点或传感器分配资源并不是本研究所涉及的部分。萨马科（Sammarco）和伊拉（Iera）[13]分析了物联网的约束应用协议（CoAP），并讨论了服务管理和物联网结点资源利用的方法。泰（Tei）和格根（Gurgen）[14]强调了云－物联网整合的重要性。他们讨论了该领域项目的初步成果。在［14］中，拉彭（Rakpong）等人考虑了移动云计算环境中的资源分配。他们考虑的是通信／无线电资源和计算资源，但该工作也只侧重于资源联合以增加服务提供商收入的决策上。迪斯泰法诺（Distefano）等人[15]提出底层物联网节点与云集成的框架。然而，动态和基于节点的资源管理的挑战不是本研究的重点。博诺米（Bonomi）等人在［6］中提出了雾计算的基本架构，其中不包括其对物联网的实际影响和资源管理。同样，斯托福（Stolfo）等人在［16］中提出通过雾计算来保护数据，但其研究不讨论资源管理和相关问题。

2.4　雾计算

雾计算是最近发展起来的一种范式，其将传统云扩展到底层节点。由于它将云扩展到网络边缘，因此也被称为边缘计算。与传统云相比，雾是一个微型数据中心（MDC），与成熟的云数据中心相比，它潜力小，资源少。

雾为物联网的终端节点提供计算、存储和网络服务[6]。由于靠近底层节点，因此雾针对的服务较广泛。相反，云是集中式的，不适合此类应用程序。图 2.1 展示了雾计算的整体架构，其中雾作为中间件层、扩展云，并为底层传感器、家庭网络、体域网、医疗保健网络和 VANET 等提供资源。

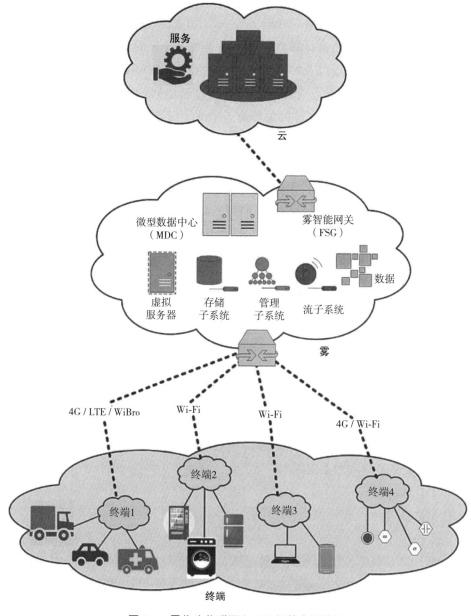

图 2.1　雾作为物联网和云之间的中间件层

雾还包括网关，可以根据上层应用的要求和底层节点的限制，以更智能的方式帮助实现数据通信。这种类型的网关被称为雾智能网关（FSG）[5]或简称为智能网关。在图 2.1 所示的云 – 雾 – 物联网架构中，底层节点和网络可能并不总是物理性的，各种服务也需要虚拟传感器和虚拟传感器网络。有些服务不需要持续通信，如在夜间的某些时段，闭路电视（CCTV）网络可能不需要将消耗带宽的视频内容发送到云端。在 FSG 辅助下，运行在雾资源上的面部识别或运动监测算法可以决定何时和如何进行通信，从而节省了稀缺的带宽和存储空间。数据可以临时存储在雾中。许多其他应用程序需要临时数据存储，雾是最佳的选择。此外，预处理、安全和隐私增强、数据修整、内容交付服务和环境感知服务等最适合雾。除此之外，未来将出现多个无线传感器网络和物联网，并支持异构设备和协议。雾可以在集成此类异构节点，创建物联网互通和扩展物联网范围方面发挥作用。这将有助于开发增强和丰富的服务。

2.5　雾资源估算及其挑战

与标准云相比，雾中的资源估算更具挑战性。其原因是雾必须处理的底层节点这一性质。虽然访问云的设备也是异构的并且能生成不同类型的数据，但由于雾主要处理的是物联网节点，这些节点太随机了。根据物联网服务的类型，底层节点可以是各种设备，也可以是非关联对象。包括快速移动车辆在内的众多移动节点也是需要雾中资源的节点池之一。除此之外，在处理敏感数据时还需要一个由雾负责的额外的安全层。所有这些都是雾资源管理极具挑战性的原因。云端随时可以通过互联网访问，因此无论什么设备请求云资源，至少都要经过核心网络的延迟。另外，在雾的情况下，必须执行更定制化和面向服务的资源估算。以下是雾资源管理面临挑战的一些示例和场景。

2.5.1　设备类型

雾必须考虑与设备和节点相对应的资源。资源丰富的电脑通常需要大量的资源以及高质量的服务。智能手机则会要求更快速的响应，这需要额外的资源。然而，在许多情况下，电量可能会是问题之一。服务必须从这种设备卸载到雾中，传感器也会受到资源限制。因此，雾必须根据传感器的电源或电池状态分配资源。在大多数情况下，通过 RFID 或其他类似方法连接的非关联对象不需要快速响应。但是，处理资源将是关键一步，因为其生成的数据必须在将其发送到云或在本地创建服务之前进行累积、裁剪和处理。

2.5.2　地面移动设备

未来技术涉及许多复杂的移动设备。智能手机已经存在，而且随着智能手机技术的进步，其很快就会堪比一台小型服务器。智能手机平均搭载十几个传感器。随着其移动性的提高，资源采购变得更具挑战性。同样，随着车载自组织网络（VANETs）领域的研究不断深入，许多私人和公共交通工具以及整个交通系统将成为互联网的一部分。一些群体感知应用将从基于雾的物联网服务中受益。车内的几个传感器将在雾下工作。在这种情况下，雾在决定合理资源时，必须考虑传感器的类型、供电方式、数据通信频率、移动速度和移动模式。图 2.2 用不同类型的车辆进行了说明。

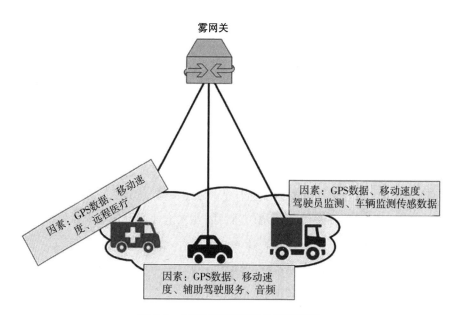

图 2.2　雾监测各种因素的资源配置

2.5.3　空中移动设备：无人机互联网

对无人驾驶飞行器（UAVs，简称无人机）的研究正在逐渐成熟，其原型正在开发中。亚马逊公司和谷歌公司已经开始研发运送货物和食品的无人机。

无人机的未来将是无人机互联网（IoD），多架无人机将协同工作。只有通过雾才有可能实现该愿景。对于这样的飞行物体，资源估算的方式将超出常规。无人机互联网需要更快的处理速度和更高的带宽。一些无人机将生成高清视频数据，其中一些将负责图像，另一些则将配备其他传感器或传感器阵列。我们将需要从地面上控制无人机。无人机之间的通信将由地面控制器进行操纵，地面控制器基本上是雾网络的一部分。对于互联网连接困难的地区，无人机可被用作互联网的载体（VoI）。在这种情况下，雾网络将由作为无线宽带（WiBro）载体的基站无人机组成。毕竟，雾必须根据请求节点的行为和服务类型，做出动态和正确的资源预估决策。

2.5.4　电源使用及其现状

虽然有些设备会在本地执行一部分处理工作，但许多设备仍需要在雾中完成。很多情况下，在本地还是在雾中完成工作取决于设备上的电源状态及其对功率的要求。雾负责监控电源并决定何时从设备卸载任务，资源估算将实时动态执行。图 2.3 描述了功率利用和数据类型的各种因素如何影响雾的决策。

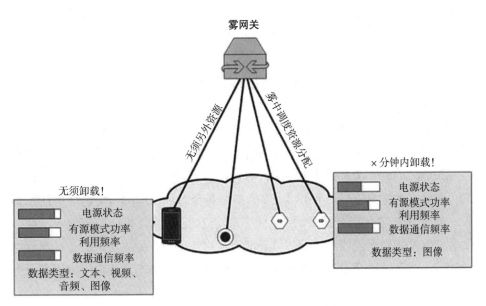

图 2.3　雾监测功率和数据通信来决定本地资源分配

2.5.5 数据类型

数据类型在评估资源的类型和数量方面起着非常重要的作用。多媒体数据需要处理器、内存、存储和GPU。另外，基于文本的数据要求数据完整（即有保证地处理）。存储和内存取决于数据量和应用程序的性质。

2.5.6 安全性

对于敏感数据和应用程序（如基于定位的医疗保健和军事信息），数据需要在发送到云之前隐藏，这一额外的安全层需要更多的处理。因此，雾必须相应地估算资源。这里的安全本质上分为 2 类，即数据安全和通信安全。数据安全是指使数据对于非预期方而言不可读。通信安全意味着数据通过安全通道传输。

2.5.7 顾客服务使用的可靠性与忠诚度

正如上述讨论的那样，异构设备是物联网的一部分，其数据产生模式和地理位置各不相同，因此很难预测请求客户是否将充分利用所请求的资源。特别是对于移动节点，无法保证其可靠性。如果对客户的行为和服务使用模式进行了一定的检查，则可以执行更好的资源估算。否则，雾将留下未充分利用的资源。

2.6 雾中基于用户可靠性的动态资源评估

物联网节点、传感器和计算机辅助控制系统根据所利用的服务类型连接雾以获取所需要的资源。雾的责任是为客户提供最好的服务，保持所有用户和利益相关者之间的平衡和公平。为此，雾考虑了客户的可靠性。服务利用意义上的可靠性在此称为放弃率（RR）。雾会根据每个客户以前的历史记录来估算资源。对于尚未建立历史记录的新用户，雾将执行默认资源估算。此后，可靠的客户将获得最大的收益，而不可靠的客户将获得应有的收益。随着资源利用的继续，为了鼓励相对不可靠的客户变得更可靠，雾会为该用户提供更多的资源，这也是一种激励方式。

我们将所需资源的估算用公式表示为：

$$R=\sum_{i=0}^{n} \left(\left(U_i^* \left(1 - \bar{X} \cdot (P_i (L/H)_s) \right) - \sigma^2 \right)^* (1 - \Omega_i)^* \phi \right) \qquad (2.1)$$
$$R \in \{CPU, \ 内存, \ 存储, \ 带宽 \}$$

其中 R 代表所需资源，U_i 是请求中服务 i 的基本价格。大多数情况下，U_i 是在合同谈判时确定的。面向服务的放弃率（SR）由 $P_i (L/H)_s$ 表示。对于客户，所有可用 SR 的平均值为 $\bar{X}$。SR 表示针对任何特定服务 s 的放弃率范围。如果是第 1 次请求服务，$\bar{X} \cdot (P_i (L/H)_s)$ 默认为 0.3。一般来说，概率范围是从 0 到 1。

在我们的案例中，由于讨论的是放弃率，0 将被解释为从未被放弃的服务，而 1 意味着服务总是被完全放弃。换句话说，该服务从未被使用过。为了便于理解，我们将放弃率范围设定为大于 0 且小于 1。分别向上和向下舍入得到放弃率范围为 0.1 ~ 0.9。随后，上半部分 0.1 ~ 0.5 代表相对忠诚的客户，下半部分 0.5 ~ 0.9 则表示相对不忠诚的客户。

$$0 < L \leq 0.5, \ 0.5 < H \leq 1 \qquad (2.2)$$

$$\Omega_i = \begin{cases} \bar{x} \cdot \left(\bar{x} \cdot \left(\sum_{k=0}^{n} P(L/H)_k \right) \right), P(L/H)_{last} \ \text{if} \ n>0, \\ 0.3 \qquad\qquad\qquad\qquad\qquad\qquad \text{if} \ n>0 \end{cases} \qquad (2.3)$$

在许多情况下，客户的放弃率可能会产生误导，尤其是在收集的请求历史记录不多或客户行为波动很大的情况下。为了解决这个问题，我们采用了 SR 的方差，使用 σ^2 来表示。方差有助于确定每个客户的实际行为。虽然 SR 之前被解释为针对特定服务的放弃率，但在 CSC 使用不同的服务时，它们也构建总体放弃率（OR）。OR 表示客户的整体行为，用 Ω 表示。OR 是根据 CSC 的总体忠诚度由雾分配给 CSC 的决策变量值。这里需要强调的是，$P_i (L/H)_s$ 表示当前客户正在请求的相同服务的概率。Ω 代表整体放弃率，包括客户迄今使用的所有服务，即某个客户与服务提供商一直在进行的所有活动。最近的行为是根据最后的放弃率确定的，这就是为什么它被赋予了更多重要性，并且通过添加最后的放弃率再次获得平均值。与 SR 的情况相同，当没有先前记录时，OR 的默认值也设置为 0.3。在这种情况下，意味着 CSC 之前从未使用过当前服务提供商的任何服务。

在我们的模型中，设备类型在确定资源时至关重要。以 ϕ 表示，设备类型告诉雾在发出请求时正在使用哪种设备。访问设备仅用于使用特定服务，因此我们的模型中目前不考虑设备功能，如 CPU 和内存。但是，对于多媒体服务，显示尺寸可以起作用，因为雾必须根据显示尺寸和装配质量来分配资源。
设备的移动性也在这里发挥着作用。移动设备需要来自雾的更多资源，因为它
处于运动中并且需要快速响应以进行有效地转码和数据传输。便携式计算机可
以在静态模式下使用，也可以在移动模式下使用。在任何一种情况下，同一种
服务都需要不同的资源。为了确定便携式计算机设备正在使用的是哪种模式，
我们考虑请求是通过哪个接入网发出的。3G / 4G 和 LTE / LTE-A 将是便携式计
算机在移动模式下使用的接入网。在未来的扩展中，可以通过全球定位系统坐
标来完成，因为 3G / 4G 加密狗也可以在静态模式下使用。如果便携式计算机
在静态模式时始终被视为移动设备，则会浪费宝贵的数据中心资源。基于我们
在不同有线网络和无线网络（宽带、Wi-Fi、WiBro、3G/4G 和 LTE-A）[17] 的
真实试验，我们得出结论，智能手机和类似设备所需要的资源是保留给静态设
备（静态模式的台式计算机或便携式计算机）资源的 1.25 倍。另外，大型移
动设备（平板计算机和便携式计算机）需要大约 1.5 倍的此类资源。重点应该
是优先考虑移动设备访问的服务，而不是将资源加倍。因此，ϕ 相应的值是：

$$\phi = \begin{cases} \phi_{m_s}=1.25 \\ \phi_{m_1}=1.5 \\ \phi_s=1 \end{cases} \qquad (2.4)$$

其中 ϕ_{m_s} 代表小型移动设备，ϕ_{m_1} 代表大型移动设备，ϕ_s 代表静态设备。
通过这种公式表示，雾可以确定未来的资源需求。正确的资源估算也将有助于
管理功耗，这正成为数据中心关注的一个问题。

2.6.1　无历史记录的新用户的资源估算

当 CSC 提出服务请求时，雾会优先考虑信用度高的客户，同时大量地估
算资源。对于新用户，因为没有可用的历史记录，雾会使用默认放弃率。换句
话说，雾自动预计这位新用户"相当"忠诚。这就是将放弃率设定为 0.3 的原
因。即使模型中的放弃率的最小值（恰好为 0.1）可能已经为新用户设置，但
由于数据中心资源很宝贵，不宜冒险（在昂贵服务或长期订购的情况下可能会
产生更大的影响），因此系统将概率值设定为 0.3，这是低放弃率的平均概率。
图 2.4 显示了对新用户不同类型的注册服务和设备预测的资源单位，即虚拟资
源价值（VRV）。

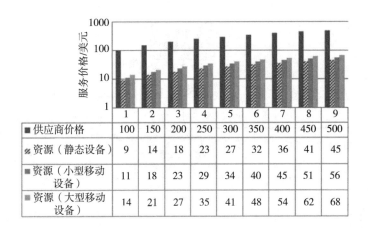

	1	2	3	4	5	6	7	8	9
■ 供应商价格	100	150	200	250	300	350	400	450	500
▨ 资源（静态设备）	9	14	18	23	27	32	36	41	45
▬ 资源（小型移动设备）	11	18	23	29	34	40	45	51	56
▤ 资源（大型移动设备）	14	21	27	35	41	48	54	62	68

图 2.4　对于不同请求的服务，无历史记录的云服务新客户进行资源估算

　　根据所提供的服务类型和特定的 CSP 将该单位映射到实际资源（内存、中央处理器、存储空间、带宽等）。例如，价值 100 美元的云存储协作服务输入 / 输出（I/O）密集程度更高，且需要更多的中央处理器和存储空间。CSP 将 VRV 9 映射到其资源分配实际映射的第 1 级。如果 100 美元的服务与数据库查询相关，那么只有 I/O 是密集型，并不需要更多存储空间，因为它需要只读进程。CSP 将相应地执行映射，这是基于服务类型将不同的资源单位映射到实际资源的方式。对于 100 美元的服务，如果访问设备是静态的，则仅需保留 9 个单位的资源。小型移动设备只需保留 11 个单位的资源，对于大型的移动设备则需要保留 14 个单位的资源，这是满足每种设备需求的方法。类似地，对于 150 美元的服务，如果静态设备正在发送请求，则需要保留 14 个单位的资源。小型移动设备获得 18 个单位的资源，大型移动设备获得 21 个单位的资源。雾可以相应地处理不同类型的物联网设备。

　　图 2.5 展示了说明性场景来示范如何执行上图的映射。CSP 根据服务类型和可用资源池相应地映射资源。对于 YouTube 服务 S1，VRV 9 被映射到相应的资源池级别（RPL），然后根据所提供的服务类型，映射到实际的资源池。在服务 1 的可用资源中，CSP 分配 10% 的 CPU，8% 的内存，0% 的存储空间（因为此处不需要存储），数据速率为 300Kbps。这些资源的分配保证率为 80%，意味着映射中至少有 80% 的资源得到保证。这只是其中一个案例，此映射将根据服务类型和 CSP 的可用资源池而有所不同。对于小型移动设备请求的相同服务，每种类型的资源将增加 1.25 倍。

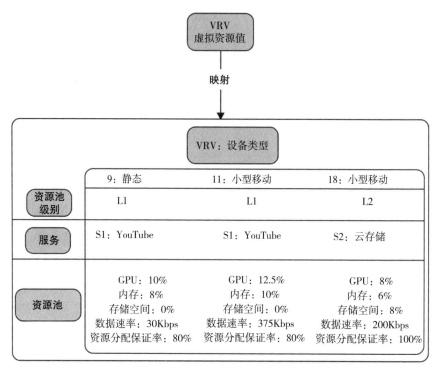

图 2.5　根据服务类型，虚拟资源值（VRV）映射到资源池的说明场景

2.6.2　老用户的资源估算

对于老用户 / 现有客户，雾已经有了 CSC 迄今为止使用的每个服务的历史记录或放弃率。当客户的特征已知时，据此来确定和分配资源就比较容易接受和合理了。通过这种方式，雾能够保留适量的资源，并且可以最大限度地减少因资源利用不足而损失的利润。图 2.6 显示了 5 种不同类型的 CSCs，它们具有不同的 SR、OR 和请求特定服务 s。基于不同类型的设备进行比较，每个 CSC 从不同设备请求相同的服务。在这个例子中，以 100 美元的服务价格呈现结果。由于其行为不同，L 客户的单位比较大，而 H 客户的单位比较小。由于 H 客户更有可能放弃服务，因此对于具有 L 概率的更忠诚的客户，系统将提供更多优先和高质量的服务。在 CSC 1 的情况下，当客户从静态设备发送请求，且具有 SOP 为 0.1（图中的粗体字）和 AOP 为 0.7 时，会保留 22 个单位的资源用于 100 美元的服务。小型移动设备将保留 28 个单位的资源，大型移动设

备将保留 33 个单位的资源。在 CSC 2 的情况下，SOP 为 0.2 和 AOP 为 0.7 时，静态设备保留 47 个单位的资源，小型移动设备保留 59 个单位的资源，大型移动设备保留 71 个单位的资源。尽管 CSC 2 与 CSC 1 相比具有相对较高的 SOP，但由于其 AOP 低于 CSC 1，因此它将获得更多的资源。CSC 3 具有与 CSC 1 相同的 AOP（0.7），但具有相对较高的 SOP（0.3），这就是它获得较少分配资源的原因。CSC 4 和 CSC 5 都有一个完美的忠诚度和稳定的记录，其 AOP 为 0.1，它们的资源分配在 SOP 上有所不同。在当前请求的服务 s 的基础上，CSC 4 相对忠诚，其 SOP 为 0.4，而 CSC 5 的 SOP 为 0.5。这表明 2 种类型概率都产生了影响，并据此做出最终决定，这就确保了一般情况下忠诚但在特定服务上不忠诚（或相反情况）的 CSC 能获得其应得待遇。

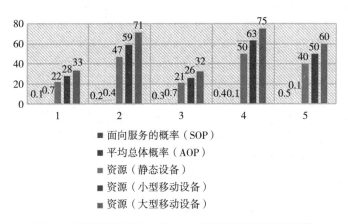

图 2.6　不同类型 CSCs 在 100 美元服务下的资源估算

2.7　结论

　　雾计算是底层物联网节点和上层云数据中心之间的中间实体。雾负责所有初始请求、接收并与潜在客户沟通交流。由于雾是局部的，它更了解底层节点，因此能在更合适的位置上来判断每种 CSC 分配多少资源。资源估算是整体服务供应的最关键部分，因为正确的资源估算能带来正确的资源分配，同样会带来正确的资源调度，并最终实现有效的服务供应。在本章中，我们扩展了之前关于物联网节点雾层资源估算建模的工作，讨论了雾必须应对的主要挑战。其中一个挑战就是 CSCs 在资源利用方面的可靠性。为了跟踪这一点，我们引入了 CSC 基于历史记录的资源估算，提供了一个数学模型，在估算资源的同时结合了客户的放弃率。该算法将历史记录比率与资源请求设备的类型建立对应关系。最终，根据这些因素估算资源。因此，可以动态执行资源估算，这有助于最大限度减少资源利用不足的现象出现。

2.8 参考文献

［1］J.Gubbi, R.Buyya, S.Marusic, M.Palaniswami, Internet of things（IoT）: a vision, architectural elements, and future directions. Futur. Gener. Comput. Syst. 29（7）, 1645–1660（2013）.

［2］E. Dave, The Internet of Things How the Next Evolution of the Internet Is Changing Everything, Cisco White Paper, April 2011.

［3］V. Hans, CEO to Shareholders: 50 Billion Connections 2020, Ericsson White Paper, April 2010.

［4］U. Shaukat, E. Ahmed, Z. Anwar, F. Xia, Cloudlet deployment in local wireless networks: motivation,architectures,applications,and open challenges.J.Netw.Comput. Appl.62,18–40（2016）.

［5］M. Aazam, E.N. Huh, Fog computing and smart gateway based communication for cloud of things. In *2014 International Conference on Future Internet of Things and Cloud （FiCloud）*, pp. 464–470, IEEE, August 2014.

［6］F.Bonomi, R.Milito, J.Zhu, S.Addepalli, Fog computing and its role in the internet of things. In *Proceedings of the First Edition of the MCC Workshop on Mobile Cloud Computing*, pp.13–16, ACM, August 2012.

［7］W. Nawaz, K.U. Khan, Y.K. Lee, S. Lee, Intra graph clustering using collaborative similarity measure. Distrib. Parallel Databases 33（4）, 583–603（2015）.

［8］M.Aazam, E.N.Huh, Fog computing micro datacenter based dynamic resource estimation and pricing model for IoT. In *29th International Conference on Advanced Information Networking and Applications（AINA）*, pp. 687–694, IEEE, March 2015.

［9］M. Abu-Elkheir, M. Hayajneh, N.A. Ali, Data management for the internet of things: design primitives and solution. Sensors 13（11）, 15582–15612（2013）.

［10］J. Cubo, A. Nieto, E. Pimentel, A cloud-based internet of things platform for ambient assisted living. Sensors 14（8）, 14070–14105（2014）.

［11］H. Ning, Z. Wang, Future internet of things architecture: like mankind neural system or social organization framework? IEEE Commun. Lett. 15（4）, 461–463（2011）.

［12］S.Chatterjee, S.Misra, Target tracking using sensor-cloud: sensor-target mapping in presence of overlapping coverage. IEEE Commun. Lett. 18（8）, 1435–1438（2014）.

［13］C.Sammarco,A.Iera,Improving service management in the internet of things.Sensors 12（9）, 11888–11909（2014）.

［14］K.Tei, L.Gurgen, Clout:cloud of things for empowering the citizen clout in smart cities. In *2014 IEEE World Forum on Internet of Things（WF-IoT）*, pp. 369–370, IEEE, March 2014.

［15］S.Distefano,G.Merlino,A.Puliafito, Enabling the cloud of things.In *Innovative Mobile and Internet Services in Ubiquitous Computing（IMIS）*, 2012 Sixth International Conference on, pp. 858–863, IEEE, July 2012.

［16］S.J. Stolfo, M.B. Salem, A.D. Keromytis, Fog computing: mitigating insider data theft attacks in the cloud. In *2012 IEEE Symposium on Security and Privacy Workshops（SPW）*, pp.125–128, IEEE, May 2012.

［17］M. Aazam, E.N. Huh, Dynamic resource provisioning through Fog micro datacenter. In *2015 IEEE International Conference on Pervasive Computing and Communication Workshops（PerCom Workshops）*, pp. 105–110, IEEE, March 2015.

第3章
解决物联网超大系统：支持层次涌现行为的雾计算

达米安·罗卡，鲁道夫·米利托，马里奥·内米洛夫斯基，马特奥·瓦莱罗

3.1 引言

　　物联网的出现代表了互联网发展的一个阶段性转变，其特征是实现了端点设备（传感器和执行器）的大规模连接，更重要的是实现了与物理世界之间的交互[1]。"物"从环境中捕获情境信息并根据这些信息采取行动。启用这些功能会对底层基础架构提出新的要求。考虑到"物"的高度分布性，它们需要具备实时功能，如在靠近数据生成的位置进行处理和存储。人们普遍认为，安全性对于物联网能够发挥其全部潜力是至关重要的。

　　我们正处于物联网的开端，并且未来还会见证物联网的高速发展。这些发展虽然带来了不少挑战，但也同样造就了许多机遇。虽然当今传感器和执行器十分引人瞩目，但物联网将会有机地发展并无形地参与到大多数人类活动中[2]。物联网的这种有机发展需要考虑3个维度：规模、组织和情境意识[3]。

　　这些维度在超大规模系统（ULSS）[4]中尤为重要，其中智慧城市[5]和自动驾驶汽车（陆上、空中、海上和水下）[6]便是最佳示例。在本章中，我们将重点放在后者上，以突出概念和架构基础。在现代城市中，协调和管理一小部分自动驾驶汽车已经带来了许多问题，而在流通车数量众多的情况下，这些问题只会更加突出。为了确保正确的操作方案，需要为每辆车处理大量的环境信息，以确定其轨迹来避免碰撞。

　　由于自动驾驶汽车严格的延迟要求，因此需要建立分布式平台而非云管

理[7]。雾计算[8]早已认识到将云扩展到网络边缘的价值。将网络、计算和存储资源引入到不同的层次级别，以满足应用程序和服务的需求。雾可以在边缘和层级的不同级别处解决关于计算资源[9]（处理、存储和通信）的基础设施和协调问题。

最近的一篇论文[10]提出了一种大规模设计和管理自动驾驶汽车（AVs）的新设想。更具体地说，它提出了层次涌现行为概念（HEB），这是一种建立在涌现行为和层次分解与组织的既定概念之上的架构[11]。有用的行为可以从精心设计、易于理解和易于实施的本地规则应用中产生。通过利用涌现行为，HEB 有两大优势。第一，其绕过了开发高度复杂的算法；第二，属于不那么明显但却相当重要的优势，便是 HEB 的内在灵活性使其能够处理意外极端情况。而想要获得这些好处其代价便是需要开发工具（如模拟器）来测试涌现行为。

关于"物联网中的涌现行为"[10]的论文概述的强调自动驾驶汽车处理超大规模系统的议程。本章从以下几个重要方面推进了该议程：①提出"涌现行为基元"的概念，研究车辆的机动并预测传感器范围以外的障碍；②强调雾计算在整体上支持 HEB 通信的作用，特别是可以促进情境感知。

本章的其余内容安排如下。3.2 介绍雾计算的主要架构基础及其优点。3.3 回顾并扩展了 HEB，强调了情境感知并引入"涌现行为基元"[12]的概念，包括 HEB 和雾计算之间的协同作用。3.4 专门研究简单的但基本的基元：车辆在队列内的操作、在下高速公路时离开编队，以及对传感器范围外的障碍物进行预测和反应。本章讨论的内容表明本地车辆规则的丰富性和灵活性超出了我们的预期。3.5 概述了本章的结论。鉴于这是提出 HEB 计划后的第一步，我们将留出篇幅来讨论开放式问题和研究方向。

3.2 雾计算

雾计算是一种从云端延伸到网络边缘的计算、存储和通信资源的分层组织架构。有许多应用程序和服务（如串流）都可以利用雾计算。然而，雾从一开始就与物联网联系在一起[8, 13]。

雾计算的真正潜力在于实现了一个通用的多租户平台，同时支持多种应用程序[14]。如图 3.1 所示，雾打破了传统的专有数据库，实现了物联网基础设施通用。

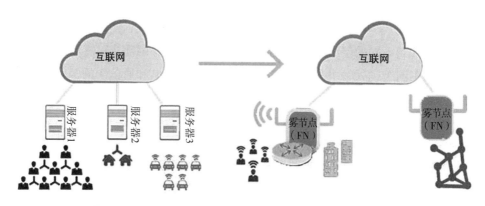

图 3.1　从基于数据库的实现转移到能够同时支持多个应用程序的通用雾基础设施

3.2.1　雾计算架构

通用物联网基础设施的代表性架构，如图 3.2 所示。最下面一层是负责收集信息并影响环境的传感器和执行器，即"物"。第 2 层由异质的雾节点组成，它们可以构成聚合节点。由于"物"和节点都可以移动，且主要通过无线技术进行通信，又由于雾节点在地理上分布广泛，位置众多，它们可以在数据产生地附近进行处理来实时提供资源。雾节点形成互联的层次结构。在大多数情况下，较高节点具有较大的资源池，但代价是增加了延迟。云则构成了最高层，可以以低成本提供较大的资源池，且不会出现任何延迟。

3.2.2　雾在 ULSS 中的作用

在奠定了架构基础后，我们可以解释雾节点在 ULSS 中发挥的作用。这些系统可以利用雾节点的位置及其层级组织进行通信，并了解它们所处的环境。由于其架构互联，雾节点可见范围可以比单个"物"更广。例如，在自动驾驶汽车时，层次结构底部的雾节点可以收集来自一组车辆的数据，相比单独的车辆拥有更广泛的区域信息。相反，由于受限于传感器的范围和道路上的近邻，每辆汽车都在一个更窄的区域内管理情境信息。除了更广泛的地理范围，雾节点还可以及时提供更深入的视野。例如，有关交通状况的历史信息。

这种可见性将节点置于显著的信息分发点，其层级组织进一步论证了这一事实（节点越高，范围越大）。此后，雾节点可以传输诸如道路状况的信息，从而实时优化汽车的轨迹。

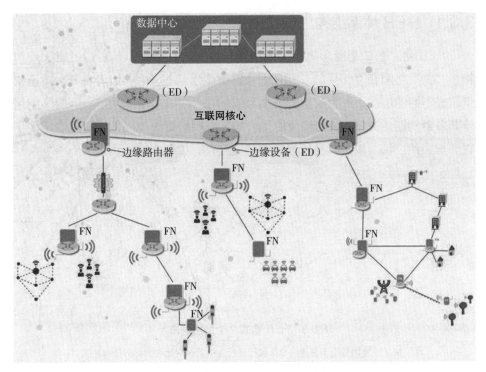

图 3.2　一个基于雾的服务于多个物联网应用的通用基础设
施说明性示例，雾节点相互连接形成层次结构

按照逆过程，"物"可以使用雾节点来实现其功能。雾节点覆盖下的"物"可以使用该节点的计算资源来分析测量值或执行其他任务。当"物"超出范围时，它们会与该节点断开连接。如果下一个位置有另一个节点，则可以继续相同的过程。该技术消除了数据从一个节点迁移到下一个节点的需要，因为"物"本身就携带有必要的信息。

3.3　分层涌现行为：ULSS 的一种新方式

ULSS 给架构师和开发者带来了特殊的挑战，不仅因为其规模庞大（数字游戏）[4]，还因为它们自身的丰富性（场景的多样性）。本书第 1 章奠定了 HEB 的架构基础，阐明了其组织原则。本章则通过深入探索自动驾驶汽车的基本操作，为 HEB 的价值提供具体证据。

3.3.1 HEB 体系结构

HEB 建立在 2 个概念之上，即涌现行为和层次分解。前者通过定义一组相邻"物"之间相互作用的局部规则来诱导产生某些行为。后者将复杂的系统组织成不同的层次，每个层次都能抽取出前一个层次的基本功能，同时又能保持其自身功能。2 个区域的组合使得"物"应用轻量级规则，这些规则定义了它们与其他"物"以及自身所处环境的交互性，如图 3.3 所示。

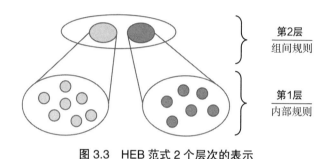

图 3.3　HEB 范式 2 个层次的表示

注：第 1 层规则适用于诱导汽车队列行驶行为的第 1 层元素（如自动驾驶汽车）
第 2 层在第 1 层行为（如车队）之上应用层间规则，以实现复杂的功能

每个规则内都存在一组超参数，如间隔距离。它们的值可以在配置时建立，也可以动态建立。这种技术的主要成果是将决策过程用于"物"本身。系统不需要事先对所有可能场景进行编程（在巨大的状态空间中，该任务十分艰巨），而是尽可能有效地应对意外情况。

当系统中的主要参与者是移动的（如地面、空中、海上和水下交通工具）时，HEB 就会释放出最佳潜力。在这一类应用中，我们主要关注地面自动驾驶汽车。我们没有明确地对车辆进行编程，而是开发了简单易懂的局部规则，以调节相邻车辆之间以及与外部世界之间的交互。

一组本地规则不会自动被标记为所需行为，而是需要有一个仔细挑选的过程。一个富有表现力的模拟平台，加上精心设计的实验，可以作为对规则、其诱导行为，以及系统对意外事件的反应进行实验的有效工具。

这种新范式需要内部和跨层通信。规则依赖于这些交互来定义"物"的行为。如果"物"与其环境的适当感知能力之间没有进行适当的通信，则行为就不会出现。在自动驾驶汽车应用中，这些通信功能包括与邻近汽车和路边单元（RSU）交换信息并测量其相对位置和速度（激光雷达、摄像机）的能力。此外，每辆汽车都可以获取自己的位置和速度（GPS、加速度计）。一旦传感器可用，通信协议（如 DSRC[15]）开发和测试良好，并且该领域处于活跃状态，那么基础设施不久就可以进行部署。

3.3.2　HEB 发展趋势

将雷诺[16]中的 3 条原始规则应用于一组自动驾驶车辆上，就在没有显式编程行为的情况下形成了一个车队[17]。然而，这些规则没有指定绝对速度。车队绝对速度定义为构成车队的所有车辆的绝对平均速度。绝对速度是自动驾驶车辆的关键指标，并且它在很大程度上取决于环境，包括道路质量、天气条件、车辆密度、相关操作和相邻车队等。

上述考虑有力地证明不仅要根据局部规则来定义政策，最后还应该将系统的信息状态映射到可接受的一组决策中。层次结构中对于自动驾驶汽车 HEB 给定级别的策略包括如下。

（1）与层级相关的局部规则。

（2）与这些规则关联的一组超参数。不仅包括诸如规则的权重和间隔距离之类的参数，还包括应用于每个级别的速度（即第 1 级指的是汽车的平均速度，第 2 级指的是每个车队的速度矢量）。

（3）环境信息。难点是如何以简洁的方式捕获关键信息，这就需要仔细分析和试验，问题关键在于所需的颗粒度。情境感知包括汽车密度、天气状况、道路状况和车辆密度等。

架构师可以用大家所熟悉的涌现行为来定义一个策略组合并实施。鉴于在政策中已经获取了情境信息，选择过程就变得较为简单，甚至微不足道。对于给定的信息场景，只有几个可接受的策略。需要定义的第 1 组策略就是涌现行为基元。

HEB 基元

通过 HEB 基元，我们能够了解到车队中车辆所需的基本操作。现在我们专注于第 1 级行为，但同样的概念也适用于 HEB 内的任何级别。车辆操作不发生碰撞或处理要下高速公路的自动驾驶汽车便是基元[17]的主要案例。虽然听起来很简单，但是这需要考虑 HEB 组件的不同方面及其相互作用。

● 不同实体之间的通信：①车辆到车辆；②车辆到 RSU；③车队内功能的分配。

● 车辆向其他车辆传递其意图。

● 不管是一辆车还是多辆车离开车队，都是不相交的出口轨迹。

● 涌现行为发挥作用：当前的操作规则、超参数以及影响涌现行为的新个体行为（如离开车队）。

通过对这些无碰撞操作的研究，我们利用"物"和障碍物之间的分离规则来观察涌现行为的效果。在这种情况下，如果每个移动车辆都具备适当的感测能力，则单个规则会为我们提供原始目标。

退出高速公路的操作需要更多地思考。虽然每辆汽车都不知道车队中车辆的数量，也没有集体意识，但它可以将自己的出口通知给邻近的汽车。这种通知出自一个根本目的：避免车辆无意识地跟随离开车辆而做出意料之外的行为。

通信是确保操作令人满意的关键因素。有效地退出策略必然依赖于情境信息。区分永久性信息（出口的坐标、与其他出口的距离等）和实时信息（道路状况、出口的拥堵程度、天气状况、车队速度、车辆密度）是很有用的。

从边缘 RSU 的计算和存储功能到 RSUs 的实时信息交换，雾计算都能提供很大的帮助。雾节点随后成了道路上的 RSUs，为车辆提供需要的同时并在其情境信息（即智能引导系统）之上构建应用程序；另一选择是使用相同的车辆来检测和分类车道[18]。

最后，在三维空间必须使用不相交的轨迹。在具有显式编程行为的传统解决方案中，中央协调器决定每辆汽车的轨迹并确保不发生碰撞。相反，HEB 制定出一个规则来防止碰撞，并让车辆根据其情境信息来自由选择最佳轨迹。图 3.4 描述了 2 种方法之间的诸多差异。与预设轨迹相反，HEB 法创建了局部规则，导致行为以轨迹形式出现。

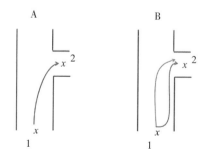

图 3.4　左图显示了车辆必须严格遵循的特定轨迹。相反，右图显示了 HEB 对车辆行驶轨道的影响力。由于它们拥有全部的情境信息，车辆能够做出最佳的决策

3.4　两辆自动驾驶汽车的基元主要案例研究

自动驾驶汽车是 HEB 前途最明朗的应用之一。车辆的移动性、不断变化的情况（即道路状况、天气、交通状况）和汽车的数量构成了一系列丰富的交互行为。

自动驾驶汽车机动是大量"基元"的组合。通过创建和详细审查丰富的基元"库"来验证 HEB 架构。每个基元都有一个目标定义，由于其有能力达到该目标的要求，所以它是自给自足的。我们设想通过连接基元来创建复杂场景，更准确地说，我们将考虑由较简单目标组成更复杂的目标，并通过连接基元来实现。本节是此方向的第 1 步，重点关注依赖作为 RSU 部署的雾节点的 2 个基元。

虽然基元是有目标定义的，但其完整的描述需要相关规则的规范，以助于目标的实现。

3.4.1　方法

选择处理模拟器[19]来执行对涌现自动驾驶汽车的分析，将原始 HEB 中的规则和环境作为基础，每辆汽车根据指导其局部交互的 4 条规则（$R1$ 对齐、$R2$ 分离、$R3$ 内聚和 $R4$ 目的地）来确定自己的行驶轨迹。

在第 1 次验证工作中，我们将注意力集中在第 1 级基元，即与车队的形成和维持时间相关的基元，并禁用与车队之间的交互有关的第 2 级规则。

三角形代表车辆。高速公路有 1 条测试基元的测道，障碍物决定了高速公路的形状，在画布上显示为黑点。

3.4.2　涌现自动驾驶汽车基元

现在评估的 2 个基元是高速公路中的离开操作、预测并对超出传感器范围的障碍物做出反应。我们将在下面章节中进行初步分析并提出满足这 2 个基元目标的试验性解决方案。

3.4.2.1　退出操作

在此基元中，车队中的一辆或多辆汽车决定离开车队并离开高速公路。我们认为，如果车辆在没有碰撞或危险操作的情况下离开，而车队内其他车辆不受干扰地继续行驶[20]，那么就圆满地完成了该基元。车辆离开带来了涌现行为的相互作用、经典轨迹设计方法和层间 / 层内通信之间的交互。

● 通信：本书前面的章节对其进行了详细解释，主要针对 V2V 和 V2I[21] 增强每辆车的传感能力。

● 涌现行为：车队行为（由 3 个原始的雷诺规则诱导产生）以及大致以相同的速度沿着道路开始行驶。随着退出操作的进行，运动物体的速度矢量在方向和大小上发生变化，但不是以一种生硬的方式。

● 轨迹设计：因为车辆会感知环境并做出相应的反应，车队中的车辆和离开的车辆就像是相互影响的自主决策者。确定出口轨迹并依靠车队中车辆防撞能力的策略听起来很合理也很直接。该策略仅将车队中车辆作为相互影响的自主决策者，如图 3.4 所示。

在退出基元的可能实现中，我们分析了 3 种不同复杂度的退出基元可能的方式，并观察了它们对相关行为的影响。第 1 种方式是从车辆发出离开车队的通知开始，由于车队中没有中央控制器或成员意识，每辆汽车都需要通知其周围的车辆。通知的直观方式是改变其在车队内的角色，而不是被视为车辆因此受到 3 个车队规则（R1、R2 和 R3）的制约而被感知为移动障碍物。在这种情况下，车队中的其余车辆通过简单地遵循非碰撞规则（R2）来避开它。通过这种技术，离开的车辆在车队内创造了一条虚拟路径，直到它们离开。车辆的新角色使得它们能够在不影响其余车辆行为的前提下离开车队，并选择想要的出口。

现在面临的困难是如何在不影响当地规则或寻求中央协调器帮助的情况下，实现角色的转变（从车队中的车辆到移动物体）。设想车辆沿高速公路行驶的情境，如图 3.5 所示。RSU 通知车辆前方存在出口。RSU 实际上是一个雾节点，是沿高速公路部署的完整雾层结构的一部分。雾节点保存其情境信息，包括前方道路中的障碍物、拥堵情况、区域中的天气状况等，在相同或更高层级内作为与其他雾节点交换信息的一部分。因此，雾可以将车辆的"视野"扩展到车载传感器的范围之外。

车辆选择从前面的出口离开，会向其邻车通知其角色的变化，即从车队中的成员变为移动的障碍物。它是通过 V2V 通信信道（如 DSRC）实现此功能的。从那一刻开始，任何碰巧在其附近的车辆都将其视为障碍物。随着车辆的退出操作，它的邻车会做出反应，但当其通知自己角色的变化，新邻车也会远离它。因此，离开的车辆会在车队中开出一条虫洞，直通出口。

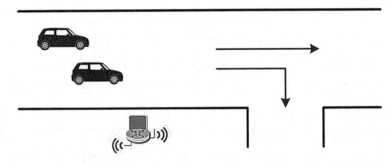

图 3.5　评估退出操作的场景。它是一条带出口的高速公路，自动驾驶汽车可以根据最终目的地选择离开或继续在高速公路上行驶。作为雾节点部署的 RSU 有助于提供情境信息

同样的方法也适用于多个车辆退出。在这种情况下，每个车辆单独行动且不会与其他退出车辆进行协调。我们将充分利用规则的强制性和灵活性。由于每辆汽车都避开了障碍物（$R2$），因此无论车辆是在车队中还是要离开车队，车辆之间都不会发生碰撞。没有必要使用成本高昂的编排机制来预测细枝末节中所有可能的情况，我们只需要提供基本规则并让车辆自主做出最佳选择。结果是一组车辆"离开"车队并从出口驶出，而车队的其余车辆沿着高速公路驶向目的地。

第 2 种技术是更直接地使用基于规则和超参数的方法。该解决方案不需要额外的通信（即通知）来实现基元的目标。当 RSU 告知一个或多个车辆想要从此出口驶出时，退出车辆在 $R4$ 中修改其目的地，并同时修改与该规则相关联的权重。回顾一下，权重定义了决定局部行为的规则之间的优先级。分离规则（$R2$）仍保持最高优先级以确保不发生碰撞，而目的地规则（$R4$）优于其余规则（$R1$ 和 $R3$）。

虽然这种方法也产生了预期的结果（车辆离开高速公路而没有发生碰撞），但我们观察到行为的差异，这可能会影响离开高速公路所需的时间。优先考虑目的地规则而不是传统的车队规则，从而确保车辆从出口离开而不是作为车队的一部分继续行驶。豪（Hall）等人分析了基于目的地的类似分组[22]。与前一个案例相关的变化是局部规则的应用方式。之前的技术是基于车辆到物体的相互作用，第 2 种技术更依赖于车辆之间的规则。

我们尝试了第 3 种技术，实际上是前一种技术的特殊情况：离开的车辆修改了它们的目的地，但它们不会改变规则的权重。这种方法符合退出基元的目标，这一事实凸显了局部规则令人惊讶的表现力。通过添加目标的目的地规则（R4），我们可以诱发许多有用的行为。除了到达目的地的明显行为外，具有不同目标的车辆可以组成同一个车队，然后一个个分开到达不同的目的地。

图 3.6 描绘了实施 3 种技术的退出操作的时间表示（除了上述差异外，前 2 种技术的结果相同）。左图显示的是在高速公路起点车队，他们在穿过 RSU 之前传达前面出口的信息。中间的图片显示一些车辆正在"离开"车队。最后，右图显示了一小部分离开的车辆以及高速公路上剩余车辆的车队。模拟细节未在图中显示，将要离开的车辆会移动到车队的边缘，在保证没有车辆穿过它们的路径的前提下，调整自己的位置以顺利地离开。这种行为不是显式编程，而是自然地从局部规则中产生的，它实际上是一些规则支配其他规则的结果（在本例中是 R4）。

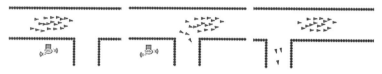

图 3.6　由 RSU 协助执行退出基元的队列的顺序表示（从左到右）

第 3 种技术的策略具有相当大的自由度。例如，考虑一种罕见的情况，即退出车辆发现出口突然被前方的车辆阻挡。车辆不能强行驶出，因为它不是一个移动的障碍物，而是作为其他车辆的同行车。汽车可以返回并重新加入车队。请注意，这与以前的技术不同，因为以前它们更具侵略性。

另一种值得注意的情况是车队在高速公路的末端没有指定的目标目的地。但是在这种情况下，当退出车辆执行其操作时，车队的其余车辆可以跟随它。但是这种行为没有问题，因为每辆车都有 1 个目标目的地。

一个由 4 个规则组成的简单集合提供了各种非常强大且有用的行为。此外，这些轻量级规则展示了令人难以置信的灵活性和简单性。雾节点有助于处理情境信息。在这种情况下，它仅传输目标目的地，这将使车辆选取适当的侧道。我们已经了解了实现此基元的 3 种不同的方法，但还有更多选项可以作为策略组合的一部分（如规则、超参数、情境信息），并且可以重用于其他应用程序，从而缩短部署时间。

3.4.2.2 对传感器范围外障碍物做出预期和反应

在这种基元中，单个车辆或一组车辆在高速公路上循环驾驶，且在车载传感器范围之外存在障碍物。其主要目标是在不影响驾驶安全的情况下，预测其检测结果并相应地做出反应。克服了这一障碍使得它与退出操作处于相同的领域，而不同之处在于该基元能够直接针对涌现行为规则中的超参数。

此方案与以前的方案略有不同。如图 3.7 所示，有一个车队在高速公路上行驶，沿路有一组 RSU 可以收集有关道路状况、天气和交通等方面的信息。总之，这些雾节点管理与高速公路相关的情境信息。这些节点是按层次组织起来的，以捕获更广泛区域的信息。图 3.7 还描述了它们符合 2 个不同级别的虚拟架构。第 1 层由靠近高速公路的 RSU 组成，也就是处理车辆的节点。在第 2 层，有 1 个 RSU 专门用来聚合来自上一层的信息。此级别节点范围更广，但其粒度更粗。

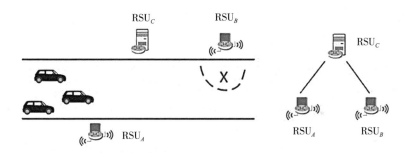

图 3.7 对超出传感器范围的障碍物进行预测和反应的场景

注：它由 1 条高速公路和 3 个按层次组织的 RSUs 组成。图的右侧详细描述了这个架构，在底部有直接与"物"通信的 2 个节点，还有 1 个更高的节点统计所有数据。叉号代表对道路的暂时封锁。

该分层的 RSU 向穿越区域边界的车辆提供信息。虽然车辆感知周围环境的距离很近，但 RSUs 具有更大的感知范围，并且可以将该信息传输给车辆。在这种情况下，车辆可以为未来的障碍或其他事件做好准备。程序如下：RSU_B 检测到阻碍后，将其通知给周围的车辆，并将该信息发送给更高层节点 RSU_C。之后，该节点可以将信息发送到其他较低级别的 RSUs 以采取适当的操作。在这种情况下，RSU_C 向左侧节点 RSU_A 发送通知。现在，RSU_A 掌握了前方道路状况的信息，并可以将其通知给附近的车队。

为了优化车队对阻塞的反应，我们将 RSU_A 作用于超参数，改变车辆之间的间隔距离和速度，此操作会实时地影响涌现行为。需要注意的是，这个距离不要超过每辆车的传感能力范围，否则将阻碍车队的形成。另外，数值太小可能会造成碰撞。其他因素，如道路上的车道数量也会限制这一超参数。在此分析中，我们将此距离保持在不会影响该行为的可接受范围内。通过缩短距离，形成了一个可以轻松克服障碍的紧凑的车队。为了得出适当的轨迹，RSU_A 通过 $R4$ 建立目的地以顺利避免阻塞现象。我们通过它的规则来影响行为从而达到最终目标，即减少反应时间。

图 3.8 给出了汽车编队是如何执行这个基元的时间序列。左图为高速公路上正常运行状态下车队的初始行进位置。中图是 RSU_A 修改了分离超参数、速度和目标后的车队行为。从图中不难看出，车队变得更加紧凑，车辆之间的距离也更近。右图显示了车队能够通过预先告知的障碍。最后，一旦车队完全越过障碍物，RSU_B 将重构并恢复原来的分散距离、速度，并经触发后驶向原来约定的目的地。

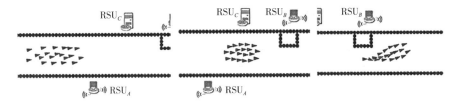

图 3.8　依次表示（从左到右）一个队列对超出传感器范围的障碍物执行预期反应

这种基元的优点是减少了克服部分道路阻塞等情况的时间，并显示车辆行为如何受到情境信息的影响。尽管还有其他解决方案，但在这种特定情况下，我们还是选择通过 RSU 层次结构来实现。反应时间的减少来自车辆如何面对超出其传感器范围的阻塞。如果它们没有准备好，部分车队中的车辆就会使用他们前面被阻塞的车道。一旦车辆察觉到障碍物，就会改变轨迹以避开障碍，但他们可能不得不等待，直到车道上的车辆都通过。另一种可能性甚至会更慢，当两车相撞时，绝对速度急剧下降。相反，如果车队更紧凑，在阻塞车道上的车辆更少，则反应时间就会更短。

3.4.2.3　连接基元

经过慎重选择的局部规则，不仅简单易懂、易于实施，而且具有诱导未明确阐述行为的惊人能力。局部规则灵活且富有表现力，通过微小的调整和增添就可以创建基元。我们观察到，所提出的退出操作和障碍物预测基元是建立在一个原基元之上的，即车队的形成。这一观察表明，通过链接基元可以实现复杂的行为。详细制定的设想方法概述如下。

- 创建基元库。
- 连接基元以设计复杂行为。
- 使用真实模拟工具，通过大量模拟来测试结果。

我们从关于遵循规范性设计[23]方法的自动驾驶车辆的众多文献中得到了 2 个收获：①它提出一系列要考虑的基元和复杂行为；②这些用例可以作为与 HEB 方法进行比较的基准。

3.5　结论

在本章中，我们验证了在参考文献［10］中引入的 HEB 概念以及在自动驾驶汽车领域中的 2 个特殊用例。通过引入"基元"及其连接的概念，进一步推进了 HEB 方法。

讨论的用例重点突出了雾计算在支持车辆与 RSU 通信中的作用，并提供了邻近区域以外的基本情境信息。本章的内容阐明了这样一个事实：HEB 仍处于初期阶段，而且研究前景十分广阔。

- 基元主导的设计概念增加了对丰富的、逼真的并且能够纳入真实场景和数据的模拟器的工作需求。
- 无论是在研究方法的发展中，还是在复杂行为组合的实际构建中，基元的连接都值得被关注。
- 机器学习有望在局部规则核心的超参数调优方面发挥重要作用。
- 自动驾驶汽车所能触及的领域远远超出了地面车辆。空中、海上和水下自动驾驶车辆的特性也值得用 HEB 方法来进行探索。

致谢：达米安·罗卡的工作得到了 Caixa 基金会博士奖学金的支持，这项工作得到了西班牙政府（塞维罗·奥乔亚赠款 SEV2015–0493）和西班牙科学与创新部（合同 TIN2015–65316–P）的支持。

3.6 参考文献

［1］L. Atzori, A. Iera, G. Morabito, The internet of things: a survey. Comput. Netw. 54（15），2787（2010）.

［2］R. Milito, short video in the September 2016 issue of computing now. ［Online］. Available:https://www.computer.org/web/computingnow/archive/iot-data-and-context-discovery- september-2016.

［3］G.D. Abowd, A.K. Dey, P.J. Brown, N. Davies, M. Smith, P. Steggles, Towards a better understanding of context and context-awareness, in *International Symposium on Handheld and Ubiquitous Computing*（Springer, Berlin, 1999）, pp.304–307.

［4］L.Northrop,P.Feiler,R.P.Gabriel,J.Goodenough,R.Linger,T.Longstaff,R.Kazman, M. Klein, D. Schmidt, K. Sullivan et al., Ultra-large-scale systems: the software challenge of the future, DTIC Document, Technical report,2006.

［5］G.P.Hancke, G.P.Hancke Jr et al. The role of advance dsensing in smart cities. Sensors13（1）, 393–425（2012）.

［6］M. Gerla, E.-K. Lee, G. Pau, U. Lee, Internet of vehicles: from intelligent grid to autonomous cars and vehicular clouds, in *2014 IEEE World Forum on Internet of Things*（IEEE,Piscataway, NJ,2014）.

［7］K.Sasaki,N.Suzuki,S.Makido,A.Nakao,Vehicle control system coordinated between cloud and mobile edge computing, in *2016 55th Annual Conference of the Society of Instrument and Control Engineers of Japan*（SICE）（IEEE, Piscataway, NJ, 2016）, pp.1122–1127.

［8］F.Bonomi,R.Milito,J.Zhu,S.Addepalli,Fog computing and its role in the internet of things, in *Proceedings of the First Edition of the MCC Workshop on Mobile Cloud Computing*（ACM, New York, 2012）, pp.13–16.

［9］S. Shin, S. Seo, S. Eom, J. Jung, K.-H. Lee, A pub/sub-based Fog computing architecture for internet-of-vehicles, in *2016 IEEE International Conference on Cloud Computing Technology and Science*（CloudCom）（IEEE, Piscataway, NJ, 2016）, pp.90–93.

［10］D. Roca, D. Nemirovsky, M. Nemirovsky, R. Milito, M. Valero, Emergent behaviors in the internet of things: the ultimate ultra-large-scale system. IEEE Micro 36（6）, 36–44（2016）.

［11］H.A. Simon, *The Architecture of Complexity*（Springer, New York,1991）.

［12］M.J.Mataric,Designing emergent behaviors: from local interactions to collective intelligence, in *Proceedings of the Second International Conference on Simulation of Adaptive Behavior*（1993）, pp.432–441.

［13］M. Yannuzzi, R. Milito, R. Serral-Gracià, D. Montero, M. Nemirovsky, Key ingredients in an IoT recipe: Fog computing, cloud computing, and more Fog computing, in *IEEE 19th International Workshop on CAMAD*（IEEE, Piscataway, NJ,2014）.

［14］Open Fog Consortium. ［Online］. Available: https://www.openfogconsortium.org / resources/.

［15］J.B.Kenney, Dedicated short-range communications（dsrc）standards in the united states, *Proc. IEEE* 99（7）, 1162–1182（2011）.

［16］C.W.Reynolds, Flocks, herds and schools: a distributed behavioral model, in *ACM SIGGRAPH Computer Graphics*（ACM, New York,1987）.

［17］P.Varaiya, Smart cars on smart roads: problems of control. *IEEE Trans. Autom. Control* 38（2）, 195–207（1993）.

［18］J. Melo, A. Naftel, A. Bernardino, J. Santos-Victor, Detection and classification of highway lanes using vehicl emotion trajectories, *IEEE Trans. Intell.Transp. Syst.*7（2）,188–200（2006）.

［19］Processing simulation framework. ［Online］. Available:https://processing.org/.

［20］Hsu, F. Eskafi, S. Sachs, P. Varaiya, Design of platoon maneuver protocols for IVHS, in *California Partners for Advanced Transit and Highways*（*PATH*）（University of California, Berkeley, 1991）.

［21］Its vehicle to infrastructure resources. ［Online］. Available: http://www.its.dot.gov v2i/.

［22］R. Hall, C. Chin, Vehicle sorting for platoon formation: impacts on highway entry and throughput. Transp. Res. Part C: Emerg. Technol. 13（5）, 405–420（2005）.

［23］E. Frazzoli, M.A.Dahleh, E.Feron, Real-time motion planning for agile autonomous vehicles. J. Guid. Control Dyn. 25（1）, 116–129（2002）.

第 3 部分
雾层的服务

第 4 章
雾计算中隐私保护计算的现状和未来

派崔亚·R. 索萨，路易斯·安修斯，罗莱多·马丁

4.1　引言

越来越多的用户隐私遭到攻击，这一现象揭示了敏感数据对公司和犯罪分子在经济方面的重要性。为了缩短产品上市时间，公司在没有安全性和隐私的情况下部署了边缘计算系统。这种数据呈指数增长的系统正在长期加剧这个问题。

雾计算是边缘系统最主要的示例之一，也是物联网（IoT）这一总体概念的一个方面。最好描述为计算的迁移，或是更接近终端用户的设备。当前云计算基础设施中使用的保护和隐蔽措施不能满足雾计算其固有的去中心化特性的基本要求。因此，隐私保护框架虽是一个活跃的研究领域，但在公共云计算中仍然不可用。目前的方法是使用伪匿名化技术，该技术可以通过聚合多个信息源实现去匿名化。

雾计算本质上是去中心化的，它提供了一条我们认为可用于创建新隐私保护技术的途径。通过将数据保留在终端用户附近，为基于大数据/分析的公司进行的大规模数据收集提供了天然屏障。边缘系统本身并不提供实现这一目标的必要机制。为了填补这一空白，我们希望尽可能地探索并结合一些隐私基元。

第 1 种方法依赖于安全多方计算（SMPC），它可以用于以机密数据为依据来进行计算响应，因此当安全多方计算完成时，用户只知道自己输入的信息和答复。同时，区块链可以提供公共账本，减少并可能消除潜在的中心化可信实体。例如，在比特币等虚拟货币中，区块链是表示财务会计分录或交易记录

的数据结构。每笔交易都经过数字签名，目的是保证其真实性，并确保没有人掺假，从而使记录本身和其中的交易被认为具有高度的完整性。

在本章中，我们将重点关注这 2 种不同的方法，以此创建解决方案来加强物联网隐私保护。此外，我们还探索了区块链与边缘多方计算技术的结合。

本章的下一部分安排如下：4.2 中将介绍区块链及其物联网集成的局限性。此外，本节还介绍了物联网、雾计算和区块链概念及其各自的应用。4.3 中描述了多方计算、MPC 框架之间的类型和比较，以及该领域未来的研究方向。4.4 中介绍了多方计算和区块链以及这些概念的应用。此外，还描述了 2 种技术相结合的未来研究方向。最后，在 4.5 中对本章进行了总结。

4.2 区块链

区块链是点对点网络的所有比特币[①][1]交易的分布式账本，随着挖矿机为其记录新交易，使得该账本不断增长。网络中的节点通过使用已知算法来验证交易和用户的状态，以确保相同的比特币在之前没有被使用，从而消除双重费用的问题。经过验证的交易可能涉及加密货币、合同、记录或其他信息。一旦交易被验证，它就会与其他交易合并，以便在公共账本中创建一个新的数据块，然后新的区块以永久和不可改变的方式被添加到现有的区块链中。只有在这个时候才能被认为交易已经完成[2]。

使用这种技术的用户不需要中央认证机构（通常由中央银行执行）便可以确认交易，其他可能的应用包括资金转移、结算交易和投票。

4.2.1 物联网中区块链限制

区块链在物联网中的集成并不简单，因为大多数物联网设备都受资源限制，并且需要低延迟。同时，物联网网络中存在大量节点，设备受带宽限制。为了成功地将区块链与物联网集成，必须解决以下几个关键问题。

● 挖矿属于计算密集型。

● 区块的开采非常耗时。

---

① 比特币是一种数字货币和在线支付系统，也被称为数字现金。它以一种去中心化的方式工作，使用点对点的方式实现各方之间的支付，而不需要相互信任。支付是用比特币进行的，比特币是由比特币网络发行和转移的数字货币[1]。

● 随着网络中节点数量的增加，区块链的扩展性随之变差。

● 底层 BC 协议会产生大量的通信开销[3]。

4.2.2　物联网、雾计算和区块链

尽管物联网新架构框架发展迅速，但隐私和安全仍不够完善，这导致了一些开放性的隐私和安全性遭到挑战。从理论上讲，使用区块链技术有多个优势，主要通过去中心化可以潜在地帮助改善隐私和安全性。如［3］中所述，用户身份必须保密，这一点可以在使用区块链时实现。由于区块链在设计上是去中心化的，因此通过使用来自所有参与结点的资源，以及在物联网中所有设备的资源，区块链具有了可扩展性和稳健性。在此过程中，还消除了多对一的通信流量开销，从而减少了延迟，并克服了单点故障相关的问题[4]。

然而，为了实际使用区块链，还需要解决一些问题。例如，由于计算成本的原因，物联网设备通常只有有限的资源，这些资源不足以支持加密货币挖掘。而有着低延迟和低流量开销的物联网应用是较为可取的。区块链挖矿非常耗时，并且会产生显著的通信开销。此外，随着网络中节点不断增加，区块链无法做到正确扩展[3]。

物联网中的局限性可能会损害其与区块链的无缝集成，为了解决这种局限性，必须使用一种新的范式。在这种情况下，雾计算就成了最佳选择。它的主要目标之一是在处理服务需要极低延迟、"本地感知"和移动性（包括车辆移动性）的服务与应用时，应对当前公共云计算的局限性。

下面介绍探索物联网、区块链和雾计算之间集成的方法。我们将介绍其应用以及如何解决上述挑战。

4.2.3　IOTA

不同于比特币的复杂和繁重的区块链操作，IOTA 的设计尽可能轻量化。IOTA 是一种新型的物联网交易结算和数据传输层。"IOTA"的第一部分强调了对物联网的重要性。它基于一个新的分布式账本 Tangle，克服了当前区块链设计的低效率问题，并引入了一种在去中心化的对等系统中达成共识的新方法[5]。

随着物联网中现有设备数量的增加，未来 10 年连接设备的数量将达到上百亿，其中一个主要需求是互操作性和资源共享。为此，IOTA 使公司能够开发新的企业对企业（B2B）模式，使技术资源成为可在公开市场上实时交易且

无须支付费用的服务。

最近,随着雾和霾的引入,人们提出了物联网的新方法[①][7]。这些新范例的主要目标是减少远离终端设备的云服务器的网络延迟。因此,对于该行业而言,使用免费、实时、低延迟和去中心化的结算系统至关重要[7]。

IOTA 将雾和霾结合到一个新的分布式计算解决方案中。这可以被看作是具有内置计算功能(霾计算)的智能传感器与附近处理站(雾计算)的组合。IOTA 微交易使甲方的传感器数据能够由乙方的处理器实时处理。作为回报,乙方可以通过 IOTA 来使用来自甲方的资源或来自其他方的任何其他技术资源[8]。

在这个新的自主机器经济中,IOTA 可以被视为其支柱。Tangle[②] 分类账能够以零费用结算交易,因此设备可以按需交易确切数量的资源,并安全地存储来自传感器和数据记录器的数据并在分类账上进行验证[9]。

IOTA 与比特币和以太坊[③] 采用的方法不同。一个主要的区别是 IOTA 不使用区块链,而是使用"Tangle",一个有向无环图形成了一个 Tangle。其次,区块链不适合支持小额支付。相反,Tangle 可以通过 IOTA 高效、可扩展和轻量化的特点支持小额支付。但这 2 种方法不是孤立使用的,而是可以协同工作的。IOTA 可以与区块链通信,从而在未来物联网与已建立的数字货币之间进行合作。事实上,IOTA 项目甚至可以用以完成智能合约的数据库[11]。

4.2.4 去中心化的点对点自动遥测系统

物联网的指数级增长使得拥有去中心化的网络变得越来越重要,这种网络可以消除与传统中心化网络相关的单点故障,提高其鲁棒性,降低制造商和供应商的基础设施成本和维护成本。通过将设备本身作为计算、存储和通信节点,可以构建"混合"物联网系统,其中"边缘"是中心化系统的补充。我们认为边缘计算将成为新经济的前沿,并创造物联网经济。作为触发调整和改变

---

① 霾计算降低了延迟,提高了子系统的自主性。通过将部分计算推到网络边缘,从而进一步推进了雾计算概念。连接到构成网络的传感器和执行器设备[6]。

② IOTA 的主要创新是 Tangle,一种新型的可扩展的无块分布式账本,轻量级且首次实现了不收取任务费用的价值转移。与当今的区块链不同,共识不再是分离的,而是系统的固有部分,从而形成分散和自我调节的点对点网络[9]。

③ 以太坊 (Ethereum) 是一个运行智能合约的分散式平台:应用程序运行完全按照程序运行,不会出现停机、审查、欺骗或第三方干预[10]。

当前现状的一种方式，IBM 公司和三星集团已经开发了去中心化的点对点自动遥测系统（ADEPT）[12]。

这一技术展示了一个能够维持完全去中心化物联网框架的分布式系统。ADEPT 使用区块链作为其骨干来构建去中心化和分布式的物联网[13, 14]，并结合使用工作证明[15]和股权证明[16]来保证交易安全。这项工作由以下 3 种不同的协议支持。

● 比特流：比特流用于文件共享。

● 以太坊：以太坊是理解智能合约和功能的必要条件。此时，区块链在该过程中起作用。

● TeleHash：TeleHash 用于进行点对点消息传递，因为其被设计为去中心化和安全的，所以它适用于该系统[17]。

作为 ADEPT 的概念验证，研究人员已将这 3 个协议部署到商用洗衣机（三星 W9000）中，该洗衣机被编程为与 ADEPT 系统一起工作，实现了"自动洗衣机订购洗涤剂"[18]。目标是使订购物资的过程自动化。此过程使用智能合约来定义接收新批次物资的命令。这样，当洗涤剂的容量不足时，设备就可以自行下单付款。此种付款将使用区块链进行支付。之后，零售商收到了洗涤剂已付款的通知并发货。此外，洗衣机的所有者还可以通过其家庭网络在其智能手机中得到购买详情的通知。

另一个例子是在去中心化的广告市场中使用大屏幕显示器（LFD）来共享和发布内容，而不需要中心控制器。这个概念包括一个 LFD，或更常见的传统显示器，我们可以与任何人共享屏幕。

我们必须选择发布广告的大屏幕显示器，并选择要发布的广告（比特流形式的视频文件）。然后，广告客户通过 TeleHash 的点对点消息接收请求。在此之后，内容将被共享和发布。最后，广告客户会收到分析、确认批准并最终完成付款。

4.3　多方计算

在连接地点和连接人的时代之后，未来的互联网也将连接物。这些"物"有敏感的信息和数据，可以共享，但需要隐私。安全多方计算是一种可以在这里使用的技术，因为它的目的是让多方在不需要第三方的情况下私下交换私密信息。更正式地说，MPC 由两方或多方组成，每一方都有自己的秘密输入。MPC 计算一些联合函数 f，该函数将接收每一方的秘密信息作为输入数据。

用一个众所周知的例子（通常称为百万富翁的问题）可以更好地解释它。假设我们有三方，即爱丽丝、鲍勃和查理。分别使用 x，y 和 z 表示他们的工资。目标是找到三者中工资最高的，而不透露他们各自的工资。在数学上，这可以通过计算来实现。

$$f(x, y, z) = \max(x, y, z)$$

各方不加透露地将各自的秘密输入。在协议结束时，每个参与者只会得到函数 f 的结果，而不获得关于其他方输入的任何其他信息，即秘密输入不会被泄露。这种协议的安全性是根据理想模型定义的，其中 f 由可信方 T_f 计算。在执行协议期间，各方无法获取其他方输入的信息。第三方 T_f 计算接收各方输入的函数 f，然后计算 f，最后将输出结果发送回各方。

基于秘密共享的 MPC 指的是用于为一组参与者分发秘密的方法。每个参与者都有一份秘密。只有当足够数量的共享组合在一起时才能重建秘密，门限密码系统为 $(t+1, n)$，其中 n 是参与者的数量，$t+1$ 是解开用门限加密的秘密的当事方的最小数量。图 4.1 是一幅 MPC 的说明图。

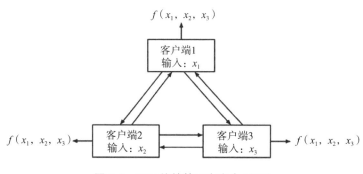

图 4.1　不可信的第三方安全 MPC

MPC 适用性的一个真实示例是患者想要访问其临床记录。他可以利用自己的 DNA 代码对 DNA 相关疾病的医学数据库进行查询。然而，患者不希望医院和潜在的其他人知道自己的 DNA 和健康状况。与此同时，医院不希望向患者披露其整个 DNA 数据库。这是一个必须要保护的隐私，而使用 MPC 可以解决该问题。

继续我们之前的讨论，百万富翁的问题最初是由姚[19]在1982年提出的。假设爱丽丝和鲍勃两人想要知道谁更富有而不向对方或可信第三方透露自己拥有的财产或任何类型的附加信息。函数 $f(x_1, x_2)$：if $x_1 > x_2 = $ 爱丽丝，$x_1 < x_2 = $ 鲍勃，计算输入并显示最富有的人的名称（我们可以看到图4.2中的例子）。爱丽丝知道自己比鲍勃更富有，但不知道对方到底有多少钱，鲍勃也知道爱丽丝更富有，却不知道她有多少钱。因此，在该协议中，因为工资信息未被泄露，每个数据的隐私都得到了保护。

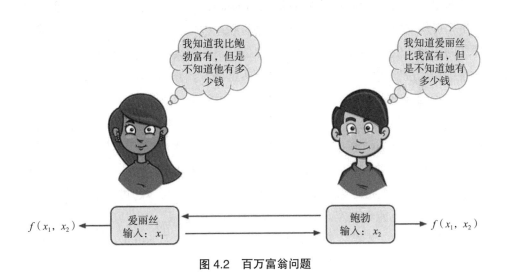

图 4.2　百万富翁问题

[19]中还描述了多方计算的其他潜在应用，如不记名投票。它由 m 个成员组成，在全球范围内决定是否行动。每个成员必须选择一个选项，结果由函数 $f(x_1, x_2, x_3, \cdots, x_m)$ 计算。继而，此函数给出最终结果，而不会泄露任何其他成员的意见，从而保护隐私。

另一种可能的应用与不言而喻的谈判有关。在这种情况下，我们让爱丽丝向鲍勃出售房子，每个人心中都有一个谈判策略。爱丽丝可能的策略编号为 $A_1, A_2, \cdots, A_t$，鲍勃可能的策略编号为 $B_1, B_2, \cdots, B_u$。一旦决定使用的策略 A_i 和 B_j，结果（没有交易或以 x 美元出售）也将决定。结果写为 $f(i, j)$。这样就可以在不言而喻中进行谈判，因为爱丽丝不会获得任何有关鲍勃的谈判策略的信息，期望其能与结果一致，反之亦然。

[19]中提出的最后一个问题集中在私自查询数据库。假设爱丽丝想要计

算一个函数 $f(i, j)$，而鲍勃 $g(i, j)$ 为常数。最终鲍勃不了解关于 i 的任何事情。如果我们假设鲍勃是一个数据库查询系统，j 是与数据库关联的状态，那么爱丽丝可以使用数字 i 执行查询功能，除了查询所要求的数据外，她不需要任何其他信息即可获得答案。相反，数据库系统不知道爱丽丝查询了哪个数据。这使用户能够很好地保护自己的隐私，同时避免数据库系统的数据泄漏。

4.3.1 框架分析

框架为特定应用程序领域的常见问题提供了一组解决方案，并且通常由一组库提供支持。开发人员可以重复用这些库中提供的代码，并避免处理特定领域的问题或低级编码技术。在大多数情况下，框架是通过协作而产生的，因此维护和改进框架的负担依赖于群体而不是个人。群体提供众包机制，使用户和开发者能够获取信息和资源，以解决发现的问题。

尽管它们天然具有一些优点，但也存在一些缺点，即创建框架是困难且耗时的，并且成本昂贵，学习曲线也会相对曲折。此外，它们经常增加程序的大小，这种现象被称为"代码膨胀"[20]。随着时间的推移，根据引入的功能数量，框架可能变得越来越复杂。这种增加的复杂性可以超过使用框架所获得的收益，并且可能无法实现总体开发时间的预期缩短[20]。但是，如果可以在未来的项目中进一步重复使用专业技术，那么这种学习曲线可以被视为一种投资，因为它可以在多个项目中摊销[21]。

有一些设计和实现的框架支持安全多方计算（SMPC），这些框架提供基本的 MPC 功能，允许算法设计者构建复杂的应用程序，对于安全级别、可访问性、软件组成、可用性、可扩展性和性能方面可以找到不同的风格。MPC框架允许用户指定一个 SMPC，在该 SMPC 中多个参与方执行同一个加密协议，以使用约定的函数进行联合计算，而不会泄漏其输入的任何信息。例如，在选举中，正确的计票结果是在不透露任何个人投票信息的情况下计算出来的。使用框架、协议运行时不会有任何一方透露任何各自输入的信息。该过程遵循我们测试过的一组 MPC 框架。

4.3.2 虚拟理想功能框架

虚拟理想功能框架（VIFF）是一个允许用户指定 SMPC 的框架，并使用Twisted[22]框架在 Python 中实现，来管理通信和通用多精度 Python（GMPY）

项目[23]，更具体地说，是用于精度运算的 GNU 多重精度运算库。该框架能够
在 Python 的任何平台运行，如 Linux、Windows 和 Mac OS X[24]。在 VIFF 中实
现的协议可以是基本原语的组合，如秘密共享值的加法和乘法，或者可以实现
新原语。简而言之，VIFF 的目标是为构建使用 MPC 的实际应用提供坚实的基
础[25]，其功能如下。

- 使用 Zp 或 GF（28）的份额算术。
- 基于 Shamir 和伪随机秘密共享（PRSS）的秘密共享。
- 安全的加法、乘法和修改。
- 秘密共享 Zp 输入与秘密 Zp 或 GF（28）输出的比较。
- 自动并行（异步）执行。
- 使用 SSL 的安全通信[26]。

4.3.3　Sharemind

Sharemind 是一个保护隐私的计算框架，包括运行计算和相关的编程库，
用于创建私有数据处理应用程序。这使用户能够开发和测试他们的自定义隐私
保护算法。因此，可以在无须了解所有细节的情况下开发安全的多方协议。同
时也允许开发人员测试并将自己的协议添加到编程库中，因为 Sharemind 是一
个开源项目[27]。实验性的 Sharemind SDK 包含 SecreC 2 编程语言，用于分离
系统的公共数据和机密，以及开发人员可用于在完全安全的环境中估算其应用
程序运行时间的模拟器。SecreC 程序与 Sharemind 应用服务器完全兼容，后者
提供完整的加密保护并支持企业应用程序[28]。

4.3.4　SPDZ

SPDZ 实现了一种通用的多方计算协议，该协议可以阻止 n 个主动进攻参
与者中的 $n-1$ 个[29]。

由 SPDZ 实现的处理模型如下：①离线阶段产生一些共享随机性，但是既
不需要知道要计算的函数，也不需要知道输入的数据；②在线阶段执行实际的
安全计算。

在后者中，我们具有以下相关功能集的主动安全性[30, 31]。

- 使用 BDOZ/SPDZ 风格的 MACs。
- 使用 Tiny OT 协议的 n 方变体来执行预处理。

● 对于大于 40 位的 p，可以在任何有限域 GF（p）上工作；这是统计安全所需要的。实际上，为了支持浮点和定点运算，p 的大小可以是 128 位。

   ● 提供主动安全的离线阶段和在线阶段。

   ● 提供一个基于 Python 的前端，用于生成字节代码，供系统执行[32]。

4.3.5　FairplayMP

Fairplay[33] 是实现通用安全函数计算（SFE）的成熟系统。SFE 允许双方实现联合计算，在现实应用程序中可以使用可信方来实现，在没有任何可信方的情况下也可进行数字化。然而，Fairplay 系统使用 Yao 式混淆电路（GC），并且仅支持双方之间的安全通信。FairplayMP 是作为扩展而创建的，似乎是为了克服这种限制而引入多方。由于多方场景的加密协议与双方案例的协议完全不同，因此需要扩展多方场景[34]。该版本使用 Yao 式混淆电路和秘密共享技术实现安全计算。

4.3.6　安全计算 API

SCAPI 是一个为实现安全计算量身定制的开源通用库。该框架为安全计算协议的实现提供了灵活且高效的基础结构。此外，它还通过提供模块化代码库使其达到一致性，以用作安全计算的标准库。SCAPI 也很高效，因为它是使用 JNI 在本地 C/C++ 库上构建出来的。SCAPI 试图通过提供简洁的设计，精简的源代码和详细的文档来提高开发人员的采用率[35]。

4.3.7　自动化高效安全双方计算工具

自动化高效安全双方计算工具（TASTY）是一种使用同态加密（HE）或混淆电路（GC）或两者结合的工具，用于描述和生成多种隐私保护应用的有效协议[36]。TASTYL 是 TASTY 采用和创建的编程语言，是一种直观的高级语言，用于将 SFE 协议描述为加密数据的操作序列（基于 GC 和 HE）。此外，TASTY 允许自动分析、运行、测试和基准测试双方 SFE 协议。

4.3.8　SEPIA

通过私有信息聚合实现安全性是一个通用 SMPC 的 Java 库[37, 38]。它是为网络安全和监控应用程序量身定制的，其中的基本操作为大量的并行调用进行了优化。SEPIA 的基本原语对处理大量输入数据进行了优化。它使用 Shamir 的秘密共享方案，并在半可信模型中得到保障[39]。

4.3.9　MPC 框架的比较

实际上，已经创建了许多框架和专用编程语言来实现和运行 SMPC 协议（表 4.1）。Fairplay、FairplayMP 和 TASTY 建立在混淆电路（GC）①的基础之上。Sharemind 和 SPDZ 在一个环上实现加法秘密共享②。就 VIFF、FairplayMP 和 SEPIA 而言，它们是建立在 Shamir 上的秘密共享③[44, 45]。最后，TASTY 使用 GC 和 HE 技术的组合[36]。

表 4.1　MPC 框架的比较

框架	开发语言	技术	参与者数量	创建年份
VIFF[25, 26]	Python	Secret sharing	>3	2007
Sharemind[27, 28]	SecreC（C++）	Secret sharing	3	2006
SPDZ[30–32]	Java/C++/Python	Secret sharing	>2	2016
SCAPI[35, 40]	Java	GC	>2	2013
Fairplay[33]	SFDL（Java）	GC	2	2003
FairplayMP[34]	SFDL（Java）	GC and Secret sharing	>3	2006
TASTY	TASTYL（based on Python）	GC and HE	2	2009
SEPIA	Java	Secret sharing	>3	2008

GC 的主要应用是保护双方计算。对于 2 个以上的参与方，通常使用秘密共享方案[46]。所有这些框架都支持一组类似的基元，包括加法、乘法、比较和等同测试。在这些平台上进行编程既可以使用专用语言，也可以使用标准编

---

① Yao 的 GC 用于 SMPC，允许多方在各自的输入上计算任意布尔函数，而不向任何可信的第三方透露这些输入的信息，只要它们是半诚实的[41, 42]。

② 由于方案的代数特性，加法共享支持高效的加法和乘法。然而，浮点运算要复杂得多，它包含不同运算的组合，包括整数运算和位运算[43]。

③ Shamir 秘密共享是秘密共享的一种形式，其中一个秘密被分成若干部分，给每个参与者一个随机的秘密部分，为了重建这个秘密，需要其中的一个部分或全部。有时，让所有参与者组合秘密是不切实际的，使用阈值方案来定义足以重建原始秘密的 k 个部分[44]。

程语言和库调用，具体取决于平台[45]。

更具体地说，对于非体验开发人员，VIFF、Sharemind、SPDZ、FairplayMP、TASTY 和 SEPIA 这些框架更易于接受。SPDZ 具有内置于框架中的在线阶段和离线阶段的特殊性。

向框架中的源代码添加示例有利于开发阶段。例如，如果着手一个新的 API，有时我们将无法实现新的示例，因为不知道整个框架的结构。有时，为了理解结构，研究已知标准协议的实现会更容易。在这种情况下，百万富翁的问题就是一个例子。

就已知的编程语言而言，VIFF、SPDZ 和 SEPIA 可以更容易适应。这些框架使用标准编程语言，如 Python、Java 和 C++，这使它们更易于被人们所理解。另外，TASTY 和 FairplayMP 具有 TASTYL 和 SFDL 规范，这可能需要更多的时间去适应。

SCAPI 是高级用户的首选框架，因为 SCAPI 是为安全计算实现量身定制的开源通用库。它最适合已经了解协议工作原理的用户，因此只需要一个库来实现安全协议。

4.3.10　未来的研究方向

在本节中，我们将讨论主要的研究问题，并总结 MPC 领域中确定的挑战。在本研究中，我们也分析了一些展示未来挑战的论文。

阿夫龙（Havron）等人[47]描述了未来可以用 MPC 解决的问题。社会科学家和研究人员总是需要进行数据分析。但是，他们必须向另一方透露一些输入数据以执行分析。通常，由于法律限制和隐私问题，他们无法进行数据分析。这个问题可以通过 MPC 来解决，用于对大数据进行科学分析。一个新的研究途径是改进 MPC 的实施，通过创造新的工具，使社会科学家能够使用这些技术，从而实现新的科学数据方法。这表明需要更仔细地检查具有私有集合交集的独立数据集之间的自动数据匹配，改进计算中使用的十进制数据值的定点整数转换，以及其他保护隐私的应用程序。总而言之，最终目标是在不披露私人信息（即每一方的输入）的情况下实现这一目标。

由于物联网中的设备数量在增加，因此正在交换的数据也在增加。为此，重要的是要有一个过滤器来识别非敏感数据，制作帮助我们检测敏感数据和非敏感数据的工具。

该论文的作者[48]提出了一个有吸引力的研究方向——"比特币上的MPC"，其中爱丽丝和鲍勃可以根据谁拥有更多硬币来确定谁是最富有的。然而，这只有在每一方都有意向证明其是最富有的一方时才有可能实现，因为每个参与者都可以轻易地假装自己比实际更穷，并通过将财产转移到其控制下的其他地址来"隐藏"其真正的财富。

该论文的作者建议，分析以这种方式计算的功能，即考虑到参与者可能假装比他们实际更穷的问题，这可能是一个有吸引力的研究方向。在我们看来，这不仅可以成为"百万富翁问题"的一个可能的研究方向，而且也可以成为其他同构性问题中的一个研究方向，只是情境不同。MPC 中仍存在未解决的问题，如构建可抵御"可塑性"和"窃听"攻击的协议[48]。

另一个问题与内存存取模式的信息泄露有关，是通过不经意随机访问机（ORAM）和私有信息检索（PIR）之类的加密技术解决该问题。2 种技术都可以通过使用黑盒的方式解决上述问题，但是方案的实际选择以及相关的安全性和复杂性分析仍然是未来研究的主题。可以说更难的挑战是防止滥用分支指令，其中适当的代码混淆似乎是一种可能的解决方案，特别是通过隐藏控制流操作符，如"then"和"else"。在这种情况下，代码的模糊性是通过剥离指令的语义来阻止所选指令攻击的必要条件（很像加密通过将明文转换为密文来去除明文的意义）[49]。

4.4　多方计算和区块链

随着物联网的日益普及，有必要创建去中心化且私密的平台。SMPC 与区块链技术的结合可能是该领域的一个重要进步，因为可能会创建能够保护隐私（数据即使在使用中也能保持加密）又具有恢复力的平台。虽然有些问题仍然没有解决方案，即是否可以在不完全依赖可信第三方的情况下设计一个去中心化的平台，或者是否可以在不允许买卖双方欺骗的情况下为交易机密信息构建完全去中心化的协议？

4.4.1　应用

Enigma[4]将 SMPC 和区块链技术相结合。在下一节中，我们描述 Enigma以及与真实应用程序相关的例子。

4.4.2 Enigma

Enigma 是一个点对点网络，使各方能够在数据上共同存储和运行计算，同时保持数据完全私密。该模型与外部区块链技术并行工作。与比特币类似，Enigma 不再需要可信的第三方。

这项工作的主要目的是避免中心化架构的出现，中心化架构可能导致灾难性的数据泄露，从而导致隐私的泄露。其方法旨在连接到现有的区块链，并将私有和密集计算卸载到链下网络。代码在区块链（公共任务）和 Enigma（私有和计算密集型任务）上执行。区块链只保证执行中的正确性，与之相反，Enigma 能够同时提供隐私和正确性。Enigma 主要功能之一是其隐蔽执行计算，因为它可以在不泄露数据的情况下执行代码，同时仍然确保正确性。由于重载计算是区块链的现有问题，Enigma 通过仅允许在整个区块链中广播运行计算来避免它。虽然区块链不是通用数据库，但它们可用于策略性地存储信息。Enigma 有一个去中心化的链下分布式哈希表，利用区块链来存储数据参数（而不是实际数据）。尽管如此，在存储和访问控制协议被编入区块链前，必须在客户端对私人数据进行加密，这将作为授权模式的公开证据。

4.4.3 Enigma 应用示例

SMPC 可以应用于一些需要关注隐私的领域。在本节中，将介绍一些可以应用该技术的最为相关的领域。

物联网的适用性似乎相当直接，因为可以在去中心化的、不可信的云中存储、管理和使用物联网设备收集高度敏感数据。加密货币银行也是一个内部细节必须是匿名的领域，因此可以运行一个全方位服务的加密银行，而不会泄露有关其内部设计和实施的信息。区块链的自主控制允许用户在不公开披露财务状况的情况下获取贷款、存入加密货币或购买投资产品。

与"百万富翁问题"一致，当 n 方想要知道是否比其他人更富有，而没有将财务状况暴露给每个人时，就会有电子盲投票。在后一种情况下，不仅保护每个选民的隐私，而且实际的投票数可以保持私密。

Enigma 的另一个应用是 N 要素身份认证，其中语音识别、人脸识别和指纹识别都可以在 Enigma 上存储并计算。由于访问控制由私有协议支持，因此只有用户才能访问自己的数据。

　　此外，当想要与第三方安全地共享某些数据时，就会使用私人协议。我们可以在协议中定义一些限制对数据访问的策略，从而维护和执行控制权和所有权。MPC 上的共享数据始终是可逆的，因为第三方无法访问实际的原始数据，并且仅限于对运行安全计算。私有协议也支持身份管理，因为当用户想要登录时，执行身份验证私有协议以验证用户身份，并将真实身份与公共伪身份联系起来，从而使该过程完全去信任并处于隐私保护状态。这样，认证和存储身份完全是匿名的，Enigma 上的用户只需秘密共享身份验证所需的个人信息。

　　对于数据保护来说，隐私保护方法对公司应该是最重要的，因为它们拥有大量潜在的敏感用户数据。这些数据是犯罪分子的潜在目标。运用 Enigma，公司可以通过使用数据提供个性化服务，并匹配个人偏好，而不需要在服务器上存储或处理数据，从而消除安全和隐私风险。这样做公司也可以免受公司商业间谍和不良员工的侵害。应该注意的是，在执行约定同意书的同时，员工仍然可以使用和分析数据以造福用户。有了这些解决方案，公司可以提供对数据的访问，同时安全性和隐私得到保护。

　　可以在数据市场中找到一个潜在的有趣案例，如寻找临床试验患者的制药公司可以扫描基因组数据库来寻找候选人。在此过程中，消费者可以在保证隐私、自主控制和提高安全性的情况下出售对其数据的访问权。市场将消除公司和个人之间的巨大矛盾，降低客户获取成本，并为消费者提供新的收入来源。

4.4.4　未来研究方向

　　Enigma 尚未发布任何源代码，因此其链下网络性能仍然未知。然而，纵观历史，加密数据的计算在实践中的发展一直很慢，所以它仍然是一个很有潜力的研究领域[50]。

　　此外，Enigma 包含了在未知交易内容的情况下处理交易的技术，这可能为在支持交易的同时实现类似的问责制提供了另一种方法。但是，这种方法并不排除验证器基于偏袒交易的可能性，因为即使交易是加密的，它也可以在串通其他验证器的帮助下识别交易[51]。

　　Enigma 将 3 种范式（秘密共享、MPC 和 P2P）结合在一起，为解决当前数据隐私方面的公开问题以及存储或处理大量个人数据的组织所面临的日益增长的责任开辟了新的可能性。但是，在 Enigma 的源代码正式发布之前，我们无法猜测它将解决哪些问题[52]。

4.5 总结

本章概述了不同方法中安全计算的多个概念。4.2 和 4.3 介绍了安全计算的一些概念，如安全的多方计算，其中包括在没有可信第三方的情况下匿名交换数据，或一种安全的在线交易方式区块链。我们介绍了概念及其应用，以及两者（如果有的话）和 / 或与物联网的结合。在安全的多方计算部分，我们描述了所测试的框架，作为分析每个框架的功能的一种方式。

通过这种分析，我们发现了一些有趣的应用程序。这些应用程序表明，以其中一些概念的组合为基础，应该尝试开发一些应用程序，主要发现的应用如下。

- 物联网区块链：IOTA 和 ADEPT（4.2.2）。
- 具有安全多方计算的区块链：Enigma MITs（4.4.1）。

正如我们在 4.2.1 中描述的那样，将区块链技术与物联网整合面临着消除方面的一些限制。4.2.2 中描述了一种解决方案，包括使用雾计算作为减少延迟的方法，因为雾计算具有"本地意识"和移动性（包括运输移动性）。由于云计算的局限性对于物联网而言是不理想的，因此物联网和区块链之间的集成应该使用物联网的雾计算。

然而，仍有一些未解决的问题和开放性问题，我们在 4.3.10 和 4.4.4 中将这些问题作为未来的研究方向。

4.6 参考文献

［1］D. Ron, A. Shamir, Quantitative analysis of the full bitcoin transaction graph, in *International Conference on Financial Cryptography and Data Security*（Springer, Berlin, 2013）.

［2］M. Swan, *Blockchain: Blueprint for a New Economy*（O'Reilly Media, Sebastopol, 2015）.

［3］A. Dorri, S.S. Kanhere, R. Jurdak, Blockchain in internet of things: challenges and solutions（2016）. arXiv preprint arXiv:1608.05187.

［4］G. Zyskind, O. Nathan, A. Pentland, Enigma: decentralized computation platform with guaranteed privacy（2015）. arXiv preprint arXiv:1506.03471.

［5］What is IOTA? https://iota.readme.io/v1.1.0/docs. Cited 23 January 2017.

［6］J.S. Preden et al., The benefits of self-awareness and attention in fog and mist computing.

IEEE Comput. Mag. 48, 37–45（2015）.

［7］M. Atzori, Blockchain-based architectures for the internet of things: a survey. Browser Download This Paper（2016）.

［8］IOTA:Economy of Internet-of-Things（2016）.https://medium.com/spacefactor/@mDavidSonstebo/iota-97592581f985#.rhosuii7l. Cited 10 November 2016.

［9］IOTA（2016）. http://www.iotatoken.com/. Cited 10 November 2016.

［10］Ethereum-Homestead Release Blockchain App Platform（2013）. https://www.ethereum.org/. Cited 11 November 2016.

［11］IOTA: Internet of Things Without the Blockchain?（2016）http://bitcoinist.net/iota-internet- things-without-blockchain/. Cited 10 November 2016.

［12］P. Veena et al., Empowering the edge-practical insights on a decentralized internet of things. IBM Institute for Business Value 17（2015）.

［13］Autonomous Decentralized Peer-to-Peer Telemetry（2015）. http://wiki.p2pfoundation.net/Autonomous_Decentralized_Peer-to-Peer_Telemetry. Cited 11 November 2016.

［14］M. Signorini, Towards an internet of trust: issues and solutions for identification and authentication in the internet of things. Ph.D Thesis, Universitat Pompeu Fabra（2015）.

［15］S. Nakamoto, Bitcoin: a peer-to-peer electronic cash system（2008）. https://bitcoin.org/en/. Cited 18 April 2017.

［16］S. King, S. Nadal, Ppcoin: peer-to-peer crypto-currency with proof-of-stake. Self-published paper（2012）.

［17］TeleHash-Encrypted Mesh Protocol（2014）. http://telehash.org/. Cited 11 November 2016.

［18］IBM & Samsung live demo of ADEPT—TheProtocol.TV（2015）. https://www.youtube.com/ watch?v=U1XOPIqyP7A. Cited 11 November 2016.

［19］A.C. Yao, Protocols for secure computations, in *23rd Annual Symposium on Foundations of Computer Science, 1982. SFCS'08*（IEEE, New York, 1982）.

［20］N.M. Edwin, Software frameworks, architectural and design patterns. J. Softw. Eng. Appl. 7（8）, 670（2014）.

［21］I.P. Vuksanovic, B. Sudarevic, Use of web application frameworks in the development of small applications, in *MIPRO, 2011 Proceedings of the 34th International Convention*（IEEE, New York, 2011）.

［22］Twisted Matrix Labs: Building the engine of your Internet（2016）. http://twistedmatrix.com/ trac/. Cited 25 October 2016.

［23］The General Multiprecision PYthon project（GMPY）（2008）. https://wiki.python.org/moin/ GmPy. Cited 25 October 2016.

［24］A. Aly, Network flow problems with secure multiparty computation. Diss. Ph.D Thesis, Université catholique de Louvain, IMMAQ（2015）.

［25］I. Damgård et al., Asynchronous multiparty computation: theory and implementation, in *International Workshop on Public Key Cryptography*（Springer, Berlin, 2009）.

［26］VIFF, the Virtual Ideal Functionality Framework（2007）. http://viff.dk/. Cited 25 October 2016.

［27］D. Bogdanov, S. Laur, J. Willemson, Sharemind: a framework for fast privacy-preserving computations. in *European Symposium on Research in Computer Security*（Springer, Berlin, 2008）.

［28］Sharemind SDK Beta（2015）. https://sharemind-sdk.github.io/.Cited25October 2016.

［29］I. Damgård et al., Multiparty computation from somewhat homomorphic encryption, in *Advances in Cryptology—CRYPTO 2012*（Springer, Berlin, 2012）, pp. 643–662.

［30］Y. Lindell et al., Efficient constant round multi-party computation combining BMR and SPDZ. in *Annual Cryptology Conference*（Springer, Berlin, 2015）.

［31］I. Damgård et al., Practical covertly secure mpc for dishonest majority—or: Breaking the spdz limits, in *European Symposium on Research in Computer Security*（Springer, Berlin, 2013）.

［32］SPDZ Software（2016）. https://www.cs.bris.ac.uk/Research/Cryptography Security / SPDZ/. Cited 25 October 2016.

［33］D. Malkhi et al., Fairplay-secure two-party computation system, in *USENIX Security Symposium*, vol. 4（2004）.

［34］A. Ben-David, N. Nisan, B. Pinkas, FairplayMP: a system for secure multi-party computation, in *Proceedings of the 15th ACM Conference on Computer and Communications Security*（ACM, New York, 2008）.

［35］SCAPI Documentation（2014）. https://scapi.readthedocs.io/en/latest/intro.html. Cited 30 October 2016.

［36］W. Henecka et al., TASTY: tool for automating secure two-party computations, in *Proceedings of the 17th ACM Conference on Computer and Communications Security*（ACM, New York, 2010）.

［37］M. Burkhart et al., Sepia: security through private information aggregation（2009）. arXiv preprint arXiv:0903.4258.

［38］M. Burkhart, M. Strasser, D. Many, X.A. Dimitropoulos, SEPIA: privacy-preserving aggregation of multi-domain network events and statistics, in *USENIX Security Symposium, USENIX Association*（2010）, pp. 223–240.

［39］SEPIA-Security through Private Information Aggregation（2011）. http://sepia.ee.ethz. ch/. Cited 10 November 2016.

［40］Y. Ejgenberg et al., SCAPI: the secure computation application programming interface. IACR Cryptol. 2012, 629（2012）. ePrint Archive.

［41］P. Chen, S. Narayanan, J. Shen, *Using Secure MPC to Play Games*（Massachusetts Institute of Technology, 2015）.

［42］A.C.-C. Yao, How to generate and exchange secrets, in *27th Annual Symposium on Foundations of Computer Science, 1986*（IEEE, New York, 1986）.

［43］P. Pullonen, S. Siim, Combining secret sharing and garbled circuits for efficient private

IEEE 754 floating-point computations, in *International Conference on Financial Cryptography and Data Security*（Springer, Berlin, 2015）.

［44］A. Shamir, How to share a secret. Commun. ACM 22（11）, 612–613（1979）.

［45］K.V. Jónsson, G. Kreitz, M. Uddin, Secure multi-party sorting and applications. IACR Cryptol. 2011, 122（2011）. ePrint Archive.

［46］Y. Huang et al., Faster secure two-party computation using garbled circuits, in *USENIX Security Symposium*, vol. 201（1）（2011）.

［47］S. Havron, Poster: secure multi-party computation as a tool for privacy-preserving data analysis（University of Virginia, 2016）.

［48］M. Andrychowicz et al., Secure multiparty computations on bitcoin, in *2014 IEEE Symposium on Security and Privacy*（IEEE, New York, 2014）.

［49］S. Rass, P. Schartner, M. Brodbeck, Private function evaluation by local two-party computation. EURASIP J. Inform. Secur. 2015（1）, 1–11（2015）.

［50］B. Yuan, W. Lin, C. McDonnell, Blockchains and electronic health records（2015）. http:// mcdonnell.mit.edu/blockchain_ehr.pdf. Cited 18 April 2017.

［51］M. Herlihy, M. Moir, Enhancing accountability and trust in distributed ledgers（2016）. arXiv preprint arXiv:1606.07490.

［52］Blockchain and Health IT: Algorithms, Privacy, and Data（2016）. White Paper.

第5章
私有和安全域的自感知雾计算

卡尔·坦梅内，阿克萨尔·詹士，阿拉尔·库斯科，
侏戈－索伦·普里登，安·乌纳普

5.1 引言

　　随着监控和测量物体、活动、流程的能力呈指数级增长，我们也在生活环境、身体以及家庭中发现许多新的应用。用于测量休闲和体育活动以及健康状况的可穿戴传感器数量激增，并得到了人们的认可。今天，我们当中的许多人无论走到哪里都会携带几个传感、计算和通信设备。此外，因为配备了摄像头、运动监测器和环境传感器，为空调控制器、监控和医疗监测提供了数据，我们的家居变得越来越智能。传感、计算和通信技术飞速发展，而且被应用于军事。虽然军事解决方案曾经代表着技术的最前沿，但随着计算和传感技术的快速发展，民用应用正在为未来的解决方案指明方向。

　　本书的主题——在未来的系统中应该在何处以及如何进行数据处理——对于健康和家庭的私人空间来说是一个密切相关的主题。该主题主要考虑 3 个因素：效率、隐私和可靠性。要考虑的替代方案介于完全集中式处理和完全分布式处理这 2 个极端之间。所有感测到的数据都可以发送到云服务器，进行记录、存档、处理，并用于做出决策，然后将其返回到靠近传感器的执行器或者发送到另一个适当的代理处（如医院）。在天平的另一端，传感器节点本身可以做几乎所有的数据分析和决策，并且只有选定的抽象数据才能被发送到外部代理处（如医院），这是实现所需功能所必需的。

　　将数据传输到云进行处理需要时间和资源，并且在延迟敏感的应用程序（如健康监控和应急响应等）中延迟并不总是可接受的[1]。解决方案是引入一

个层次结构，在网络边缘进行时间敏感处理。此处雾计算与物联网一起应用，作用是调解资源丰富但运行缓慢的云计算和敏捷但仅有部分信息的边缘计算。边缘计算可以通过在网络的边缘提供有限的计算资源来提供低延迟响应。边缘计算的一种更强大的变体 "Mist 计算" 具有相同的优势，但灵活性更高和可管理性更强——Mist 计算节点组成动态伙伴关系来进行数据交换，并执行其他 Mist、雾或云节点请求的复杂任务。由于增加了对抗通信不稳定性的弹性设置，因此 Mist 计算经常被用于户外，如互联车辆和情报监视等。

　　云计算也可能是数据隐私问题的根源。如果敏感数据保存在传感器、身体或产生数据的房屋中，则可以轻松保护个人隐私。一旦数据离开私人领域，我们就需要复杂且昂贵的技术、制度和法律解决方案，以确保对隐私的强有力的保护。但是，如果局部处理的数据没有离开私人领域，那么用来保证只有在所有者明确许可的情况下才将数据传输到外部代理的安装机制就会变得相对容易一些。例如，我们使用带有加速度计和脉搏测量的可穿戴设备来区分不同的室内活动/行为，这在对个体健康做出决策方面的成功率极高[2]。不过，人们不希望这种信息离开私人领域。

　　在物联网时代，能源消耗问题越来越受到关注。即使网络设备大多是处于低功耗模式，目前全球使用的 140 亿台网络设备每年也会浪费 400 TWh（太瓦时）电力。2020 年全球有 500 亿台设备，电力消耗量至少会增加 3.5 倍，超过 1400 TWh[3]。由于网络通信需要消耗能量，因此将数据发送到云服务器进行处理的开销与数据量和距离成正比。另外，在本地处理数据需要更复杂和昂贵的节点。这往往需要复杂地权衡，特别是当本地节点是由电池或收集的能源供电时。虽然权衡曲线的具体形状取决于应用程序中的细节，但可以确定主要因素。首先，用于局部处理的能量必须与用于通信的能量和云处理的能量进行比较。其次，如将在 "注意" 一词所探讨的那样，在系统的特定情况下，调整传感、通信和处理数据的实际需要，可以通过避免不必要的活动来节省大量能量。由于省略了通信延迟，本地处理能够快速地对不断变化的需求做出反应。

　　实际上，可以认为复杂的本地处理不仅能降低能耗，还可以改善适应性并产生更稳健的行为。自感知保证了局部节点或子系统能够对系统所处状况和环境有全面的了解，从而更好地决定要收集哪些数据、如何处理数据、要通信的数据内容以及要采取的决策。自感知意味着如下内容[4, 5]。

（1）设备可以评估所感测数据的质量，即记录所收集数据的精度、准确性和完整性。

（2）系统了解自己的表现，即它在最近的时间内和较长时间内的表现是好是坏。

（3）系统了解环境是否符合它的期望，如它实际上是否在一个有操作意义的环境中。

这一活跃且快速发展的研究领域[6-10]探讨了在各种应用领域中自感知的可能性、成本和影响力。在本章中，我们在案例研究的基础上，重点关注在这些应用领域中如何实现自感知及其潜力。

本章的结构如下：5.2 对各个应用领域的云、雾和 Mist 计算进行了研究。5.3 中讨论了雾和边缘节点的自感知数据处理能力。与此相关的有 4 个研究案例，分别为 5.4 中的健康监测、5.5 中的家庭患者安全监测和培训支持、5.6 中的家庭自我控制和远程控制、5.7 中的情报监视。5.8 讨论了雾智能网关实现的可行性和选项的分析。最后的 5.9 给出结论性意见。

5.2 云、雾、Mist 计算网络

至于为什么要部署传感系统，是因为我们意识到这样做能够收集决策所需要的数据。根据必须做出的决策类型、收集的数据类型和数量以及必须选择的数据处理方法来判断决策是由机器做出还是由人做出。这个选择过程是 Broome[11] 提出的数据到决策范式的一部分。

在数据到决策范式中，数据的收集由决策过程驱动；从数据和信息的角度来看，数据是在收集数据的设备中进行处理还是发送到云端进行处理没有任何区别。但是，如表 5.1 所示，在选择云计算、雾计算和 Mist 计算架构时，许多功能和非功能系统参数都会受到计算体系结构选择的影响。其中一些参数有控制环路的延迟、带宽使用、存储要求、安全与隐私、系统稳健性和可靠性等要求。在从传感器到数据消费者（可以是执行器）的低延迟至关重要的一些应用中，Mist 计算架构对我们很有帮助，当收集大量数据时也是如此，这些数据可以在局部进行处理。当需要整合来自多个传感器的数据并且将所得到的信息提供给局部消费者时，雾计算架构就体现了其价值，如需要根据建筑物占用率来确定建筑物的加热或冷却需求时，就是此种情况。

表 5.1　Mist、雾和云计算属性

项目	概念	范围 /m	延迟（处理＋通信）/s	带宽 /b·s⁻¹	功率 /W
Mist 计算	运行层面	10^{-2}	10^{-6}	10^{3}	10^{-2}
雾计算	功能层面	10^{2}	10^{-3}	10^{6}	10^{2}
云计算	概念层面	10^{6}	10^{0}	10^{8}	10^{5}

注：云计算可以做出最高（在概念上）级别的决策，而 Mist 计算的资源有限，只能满足简单的操作控制。雾计算介于两者之间，允许适应性（在功能上）决策。以上这些数字只给出了一个近似的数量级。

云计算也适用于以下情况：我们正在处理大量的数据，而这些数据的处理方法可能很复杂（例如，在很长一段时间内收集的数据，当数据量太大而无法由边缘设备处理，或处理时因方法太复杂而不能在边缘设备上执行，抑或当数据源太远而可以将数据收集到中心位置，如当从城市人口中收集行为数据时）。

雾计算使计算更接近网络的边缘。在雾计算中，无论应用程序是简单的数据收集还是具有许多驱动任务的自动化建构，都是由功能更强的设备（如网关）承担数据处理或物联网应用程序执行的责任。将应用逻辑放置在网关中具有许多优点，如协调简单（雾计算使用的集中控制范式与传统的编程范式非常相似）、应用逻辑管理简单（应用逻辑都集中在单个设备中），以及可以在应用中获得来自所有传感器的宏观层面的信息（如房屋或城市街区）。然而，这种方法也有缺点，如因为所有数据都必须通过网关，增加了与控制相关的应用程序的延迟和不必要的高带宽要求。对于必须在网络上执行的应用程序来说，网关是一个单点故障，整个网络的操作都取决于网关。

Mist 计算通过将适当的计算推广到网络的边缘、构成网络的传感器和执行器，从而进一步扩充了雾计算的概念。在 Mist 计算中，计算是在传感器或执行器节点的微控制器中执行的。因为设备之间能够彼此直接通信（使数据可直接供消费者使用），并进一步增加解决方案的自主性，从而使 Mist 计算范式减少了延迟。

在使用 Mist 计算原理设计解决方案时，具有专用设备和交互模式的单体架构是不可行的，因为它严重限制了解决方案的适用性。要创建一个可以部署在可变量配置中，并且适应配置变化的解决方案，基于服务的体系结构是最佳的选择。通过应用基于服务的体系结构的原理，可将应用程序描述为相互依赖的服务的组合。任何能够访问网络的设备都可以订阅网络上任何设备所提供的服务。因此，在温度控制应用程序中，加热装置可以从其所加热的房间中的所有温度传感器中获取温度信息。传感器可以利用加热装置指定的时间间隔直接向装置提供温度数据（时间间隔取决于房间的特性和装置的功率，参数的关系可以在运行时由加热器自动确定）。因此，在设置应用时不需要人工参与，从而简化了网络配置。

在固定结构的系统中，组件的功能和交互模式都是可控且可预测的。与之不同的是，在动态 Mist 计算场景中，交互不是固定的，因为系统配置本身在设计时是不固定的。在系统之间的非确定性交互的背景下，交换数据的时间和空间的有效性对于确保输入数据的算法输出的正确性至关重要。

因此，网络中的每个设备都必须知道自己的位置，因为大多数应用程序往往是位置相关的。可以在安装时创建必要的"位置识别"（通过"告知"设备的位置），或者设备可以通过确定它们相对于一些已知位置的现有信标位置来自主地确定位置（例如，已知一个房间里的照明设备所在房间中的位置，并且房间中的所有其他装置都可以根据与照明设备的距离来确定各自的位置）。此外，设备必须共享一个公共时钟，或者必须存在数据的时间校准，以确保计算中使用的数据的时间有效性。

终端设备提供的服务也可以由移动设备或服务器请求，在这种情况下，到达特定网络的服务请求被传输到能够提供特定服务的设备。这意味着在一个网络中，终端设备和网关可能都向同一服务器提供服务。例如，在自动化建筑场景中，人们可能对每个房间的占用信息感兴趣，因此各个房间中的所有占用传感器必须直接向服务器报告信息，而独立的空调设备的运行时间可以（在网关中）被汇总，以估算建筑物内空调设备的总用电量。

5.3　自感知数据处理

自感知这一概括性术语包含了许多概念，如自我适应、自我组织、自我修复、自我表达等。不同的作者赋予这些术语不同的、仅部分重叠的含义，但可能大多数人都认为计算设备中的自感知有望使这些设备在新的条件下表现出更明智的行为，并更从容地应对故障、失效和变化的情况。最后，自感知系统应该充分了解自己的情况，并自主检测自己的不当行为或不佳表现，具体原因可能如下。

（1）可能由老化、事故或物理攻击引起的故障。

（2）对其功能的恶意攻击。

（3）硬件或软件中的功能设计错误。

自感知监控器检测到偏差之后，在自感知监控器之外的系统部分可以进行适当的行动。这样的行动可能是从发出警报到突然停止的所有操作，或者是没有前者那么极端的行为。

最近，许多项目已经启动来实现这一预想中的某些部分。由于该术语的广泛性和通用性，其在各种不同领域的应用具有不同的目标和假设，这些应用拥有不同的标签，如自主的[12]、受自然启发的[13]、有机的[14]、自组织的[15]、自适应的[16]、认知的[17]和自感知的[18]计算。

由于对这些术语的含义没有广泛的共识，简要回顾一下我们认为属于自感知的属性[4, 19, 20]。

语义解释：包括对主要输入数据的适当抽象、消除可能的解释中的歧义以及对数据可靠性进行评估[5]。

期望量表：为评估所有观察到的属性提供了统一的良好度量表。

语义属性：将属性映射到期望量表来体现一个观察结果对系统来说是好是坏。

注意力：决定了在有限的资源下，哪些数据应该被收集和分析[2]。

性能历史：对性能的感知意味着其对随时间变化的认知。

目标：提供了有意义的语义解释和语义属性的语境。

目的：智能嵌入式系统的目的是实现其所有目标。

环境期望：系统需要特定的环境，并检测环境是否与预期有明显的偏差。

主体期望：系统自身的状态和条件会不断被评估，以检测偏差、退化、性能和故障。

检查引擎：持续监控和评估当前状况，并将所有观察结果整合到一个统一的、一致的规范中。

回顾雾计算的目标，即效率、隐私和可靠性，我们可以发现自感知十分有用。对系统的目标、资源和需求进行精密评估将有助于实现这 3 个目标。首先，自感知和整体效率在设计领域中遵循类似的轨迹。自我评估越完整、越正确，针对给定目标使用资源的效果就越好。充分理解可以最大限度地减少必要的计算量和通信量，使其接近理论上的可能性。其次，如果系统认为隐私是一个重要的目标，则自感知组件可以追踪它，以防止不必要的信息泄露。最后，以自感知的形式将局部智能最大化,使局部系统更加独立,并且能够抵御更广泛系统中的干扰。

因此,可以说自感知在雾计算环境中是一个潜在的重要资产,但具体的取舍权衡取决于应用程序的约束和需求。

5.4 案例分析 1: 健康监测

传感器技术和数据分析技术的进步使医疗、职业运动和休闲活动中的生命信号监控变得更加复杂。用于监测心率、血压、呼吸频率、体温、血氧饱和度以及许多其他参数的廉价传感器可以附着在身体上,用来推断活动、健康状况、健康水平以及锻炼和训练课程的效率。随着数十亿欧元的生命体征监测市场以两位数的增长率出现[21],大量的投资流入该行业,结果是未来几年将出现功能更多、价格更低的传感器装置和监测设备。因此,来自生命体征传感器的数据非常多,但必须快速有效地进行处理。

5.4.1 预警评分

早期预警评分(EWS)[22, 23]系统是一种广泛用于医院跟踪患者状况的手动工具。它可以在早期评估风险,以便提前采取行动,并且可以将其定义为"通过监测高危人群的样本,在早期发现任何偏离正常频率的临床病例或特定疾病的血清学反应者的特定程序"[24]。根据表 5.2 中列出的 5 个生理参数,它为每个参数打出 0 ~ 3 的分数,分数越低表示健康情况越好。将个人得分相加,就得到了 0 ~ 15 分的 EWS 分数,这已经被证明是预测后续健康恶化甚至死亡率的合理指标[24]。

表 5.2 预警评分[25]

得分	3	2	1	0	1	2	3
心率 /bpm	<40	40 ~ 51	51 ~ 60	60 ~ 100	100 ~ 110	110 ~ 129	>129
收缩压 /mmHg	<70	70 ~ 81	81 ~ 101	101 ~ 149	149 ~ 169	169 ~ 179	>179
呼吸频率 /per min		<9		9 ~ 14	14 ~ 20	20 ~ 29	>29
血氧饱和度 /%	<85	85 ~ 90	90 ~ 95	>95			
体温 /℃	<28	28 ~ 32	32 ~ 35	35 ~ 38		38 ~ 39.5	>39.5

在目前的医院实践中，EWS 是一种手动程序，但最近已经尝试基于可穿戴传感器实现自动化测量和 EWS 计算[26]。这将有一个显著的优点，即因为训练有素的医务人员不必在现场进行测量，该程序将不再限于在医院内部。在家或在工作中持续监测患者的方案变得可行。安扎尼尔（Anzanpour）等人展示了一个带有可穿戴传感器的自动 EWS 系统，这是一个可以将传感器数据传递给服务器，然后服务器又可以计算得分并进行评估的网关节点。服务器可以位于医院，医疗专业人员可以进一步分析数据并根据需要采取措施。该系统的优点是降低了成本，增加了患者的舒适度，并增加了医院外的监测覆盖率。主要的缺点是携带传感器和接线不方便，以及由于不正确的连接、接触不良、传感器和设备故障而可能导致的测量质量的下降。为了解决这些问题，盖辛格（Götzinger）等人[27]增加了分析数据可靠性和一致性的能力，从而使自动化 EWS 变得更加稳健可靠。实际上，在越来越多的应用程序和领域中，连接到物联网的传感器数量激增，存在的普遍问题是所收集数据的质量未知。部署的传感器的准确性和精度参差不齐，硬件故障和有限的电池容量限制了它们的寿命，而处理设备和通信设备的硬件和软件可能有其自身的缺陷和限制。出于这些原因，像自动化 EWS 这样的系统必须分析所收集数据的质量，并跟踪元信息。

为此，盖辛格（Götzinger）等人提出了一个基于代理的处理系统，该系统通过一组专门研究几个任务的交互的代理来评估传感器样本的一致性和合理性，代理所负责的任务包括：抽象化、历史追踪、置信度推导和绑定[27]。他们证明，数据收集和处理链中的几个典型故障条件可以被正确识别，以提高 EWS 系统的整体稳健性。

安扎尼尔（Anzanpour）等人将此方法向前推进一步，并提出一种结合自感知、情境感知、注意机制和适应性资源分配方案的架构，如图 5.1 所示。基于感官输入和系统对自身及其环境的期望，建立了一个关于自身性能和环境相关方面的模型。为了正确计算 EWS，使用传统的信号处理算法对传感数据进行预处理，以抑制噪声并提取相关特征。预处理阶段将与原始数据的医学应用相关的抽象内容提供给处理链中的上层。图 5.1 中的自意识和情境感知模块以 2 种方式调整主要输入数据。首先，模糊性和一致性分析识别输入数据中的潜在错误。其次，预估患者的活动，因为数据解释取决于活动模式。该系统区分了 5 种不同的活动模式：睡眠、休息、步行、慢跑和快跑。因此，考虑到测量中的不正确性和患者活动模式，系统推导出最相似的数据解释，并计算出相应的 EWS 值。

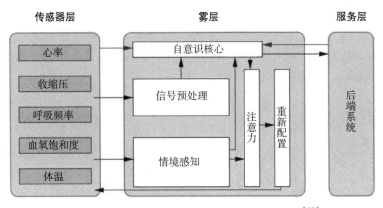

图 5.1　自动预警评分（EWS）系统体系结构[25]

此外，内置的注意机制可以有效地利用资源而不损害其核心目标，即对患者健康的正确评估。该系统考虑患者病情的 4 个严重程度（正常、低、中和高），5 种活动状态（睡眠、休息、步行、慢跑和快跑），以及环境的 4 种不同情况（室内夜晚、室内白天、室外夜晚和室外白天）。根据该三维空间中的位置为系统的活动分配优先次序，并相应地分配资源。图 5.1 中的注意力模块计算优先级向量，然后重新配置使用该优先级向量来配置传感器，并正确分配资源。其主要目标首先是最大限度提升评估质量，其次是最大限度降低功耗。传感器可能配置的参数包括采样率、采样精度、偏置和校准值以及睡眠和活跃等活动模式。

图 5.1 中的后端系统可能包括云服务器和医疗专业人员。它可以做进一步的详细分析，开始治疗或调整药物，抑或要求患者去医院就诊。对我们来说最有趣的是可以向雾层中的自感知模块提供反馈信息，该反馈信息可以作为学习、适应和改进系统性能的基础。

5.4.2　讨论

在［25–27］中描述的自动化 EWS 系统说明了雾层灵敏且明智的决策的优势。如上所述的自感知模块可以增加数据分析的稳健性，并提高对系统自身情况、被监测对象状态和环境条件的评估质量。这反过来为进一步收集信息、采取紧急行动和谨慎使用资源等正确决策奠定了坚实的基础。显然，所有描述的功能都可以在主服务器或云计算基础设施上的服务器层中实现。但是，在这种权衡中必须考虑以下几个方面。

能源效率：选择哪种方案更节能体现得并不明显。在局部采集的大量数据通过雾层进行处理或智能运算，传感器与云服务器之间的通信成本可以降低 2 个数量级。但是，由于优化的处理器架构、大型缓存以及最新处理器系列的部署，在高性能服务器基础架构中计算可能更高效。此外，如果雾层使用电池运行，则非理想电池中会损失一小部分能量。另外，局部处理允许通过调整所需的实际精度、避免架构中不必要的通用性以及避免不需要的计算来为用户进行定制。因此，我们面临着复杂的权衡，最节能的解决方案可能介于全局部计算和全中心计算的 2 个极端之间，并且在很大程度上取决于应用程序的细节。

延迟：延迟时间和响应时间取决于多种因素，并非每个应用程序都对延迟特别敏感。如果敏感则偏重平均情况下还是最坏情况下的延迟，结果也会有所不同。一方面，雾计算避免了局部节点和服务器之间的通信延迟。另一方面，服务器在执行所需计算时速度明显更快。因此，针对延迟的最佳解决方案取决于应用程序，并且可能位于设计空间的 2 个极值点之间。

定制：硬件架构和软件可以在最优性和效率方面带来显著的收益。缺点是定制需要设计、验证和维护。因此，最佳点取决于应用程序，并且大多数情况下处于 2 个极端之间，并不是笼统的被确定。

控制位置：如果大部分处理是在雾层中执行的，则其产生包含效率、可靠性和隐私在内的 2 种影响：首先，局部生成的数据永远不会离开局部环境，如私人住宅。通常，只有抽象的数据被发送到主服务器，并且仅在特定情况下才需要完整的记录。例如，当患者病因不清楚并且医生希望检查病情细节时。其次，局部配置选项（如要采样和存储的数据）由局部决定，而不是由远程服务器决定。出于上文能源效率和延迟中所讨论过的原因，数据和决策的局部性是一个效率问题。这是一个可靠性问题，因为即使是像计算心跳这样平凡而简单的操作，也依赖于完美的互联网连接和服务器基础设施，这使得系统容易受到各种干扰。最后，这是一个隐私问题，因为只有雾层方案提供了用户可以控制哪些数据和决策离开他 / 她的私人领域的选项。当数据和配置访问权限被发送和存储在服务器上时，需要更复杂和更严格的策略来保护隐私。

5.5　案例研究 2：患者安全监测及训练支援

全世界的住院费用和老年人社会护理费用正在增加。人们认为，远程护理可以弥补传统临床互动和家庭护理。物联网技术在传统的慢性疾病的远程医疗管理以及保障患者在家的安全方面发挥着重要作用，使得技术辅助康复等新服务成为可能。医疗保健相关技术和服务预计将从 2023 年的 1277 亿美元增长到 2028 年的 2892 亿美元。

分布式和移动传感设备非常适合于保障老年人和有特殊需要的患者在家中的安全。根据美国疾病控制和预防中心的数据，美国每年约有 80 万名患者因摔倒住院治疗[28]。同样，美国每年有 25% 的老年人会跌倒。此外，有数据表明，日常活动和认知与身体健康可能具有一定的相关性[29, 30]。

某些现代家庭远程护理系统已经提供了基于可穿戴运动传感器、摄像系统和地板传感器的跌倒监测功能[31]。从技术上讲，今天也可以根据日常生活活动（ADL）模式分析来预测老年人的虚弱程度[32]。然而，与仅定期传输生命体征测量数据的传统远程护理解决方案相比，此类安全攸关的远程护理解决方案的实时性和可靠性要求更高。在传统的家庭远程护理系统中，测量通常每天进行 2 次，即使是心电图信号测量，记录包也不超过 50 KB。因此，到目前为止，传统中央服务器或基于云的个人健康记录（PHR）数据存储已足够。在家庭中，通过连续运动捕捉的方式远程监测 ADL 功能，技术上对隐私保护需求显著增强，因此可选择分布式数据处理架构。能够精确地跟踪人类活动或自由落体的惯性测量单元（IMU）的原始数据流至少为 1kbps。低帧率安全观察摄像机可以预期类似的平均数据流。与集中式的实时患者安全监测解决方案相比，分布式雾状数据处理的优势很容易被理解。通过局部数据聚合和决策，可以显著降低远程服务器负载和通信信道吞吐量。此外，从临床角度来看，只有聚合的元信息，即活动小时数、平均活动水平、睡眠质量以及特殊事件（如跌倒）的存在，才具有重要的长期价值，并值得在 PHR 中保存。其余原始数据的临床价值较低，如果数据传输到私有区域之外，则会引起隐私问题。

如今，智能手机经常被用作远程医疗网关，无线通信也被广泛应用。对于大多数传感器信号，即温度、电导、运动、位置和光照，无线传输所消耗的能量是处理能量的 100～1000 倍，这也是促使局部数据聚合的原因。分布式雾计算还提高了无线网络系统的可靠性。目前，低功耗蓝牙、ANT＋和不同的 IEEE 802.15.4 标准兼容无线电主要用于个人区域网络。由于吞吐量的限制，实时数据流可能严重影响通信的可靠性。由于对通信信道吞吐量的宽松要求，雾计算也降低了这种风险。此外，如果实时关键数据处理是在局部完成的，则可以有效地使用冗余通信信道，即通过无线 MESH 网络。如图 5.2 所示为典型的分布式 ADL 安全监控系统。

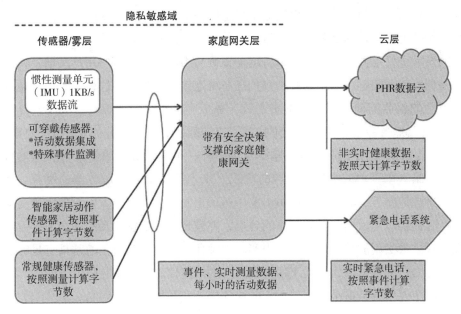

图 5.2　日常生活（ADL）安全监测活度及各 I/O 通道估算数据速率

从理论上讲，可以从一个可穿戴 IMU 设备获取所需的用户活动、位置和下落信息，并在同一传感器设备内处理数据。现代的 IMU 通常具有内置的自由落体事件监测功能。结合使用线性加速度计、陀螺仪和磁力计数据应足以用于进行航位推算的运动监测。在实践中，由于惯性运动传感器的内部误差，必须使用与其他智能家居传感器融合的传感器。在现实生活中，仅使用惯性传感器不能充分可靠地监测到人的跌落，并且由于 IMU 的非线性，航位推算运动跟踪仅对部分仪表是可靠的。由于不可预测的网络延迟，所述的传感器数据融合不能在远程位置进行。因此，传感器数据融合、基于雾的聚合以及网关设备的可能推理是支持 ADL 分析和危险监测的智能家庭远程护理系统的最合适的解决方案。

通过体育活动实现的康复可以延长独立生活时间，从而减少对昂贵的传统社会护理的需求。据报道，通过培训可以在 2 ~ 5 年内节省 30% 的成本[33]。然而，人工辅助培训和新技能验证的复健过程本身既昂贵又耗时。预计可穿戴传感器和其他物联网设备将实现远程训练和家庭锻炼的安全验证。

在不久的将来有可能实现通过家庭远程护理系统对身体训练进行远程验证。这种技术解决方案将显著减少对物理治疗师和门诊的需求。例如，在中风恢复期间[34]和关节置换手术后[35]需要进行特定的家庭锻炼。在这 2 种情况下，必须进行简单的练习以避免不可逆的关节僵硬。为了提高训练效果，必须保持一定的运动速度和振幅，这在以前是不可能的。现在可以通过可穿戴物联网设备很好地监控训练过程，将运动正确与否的信息实时向用户反馈。将这样的训练辅助装置与上述家庭远程护理系统连接是合理的，这将有效地实现有针对性的机器辅助锻炼。从本质上看，系统应将执行的训练数量和质量传输到 PHR 云服务器，临床医生和理疗师可以访问数据并做出进一步的治疗决策，如图 5.3 所示。与之前的 ADL 监测示例一样，可以在雾中局部处理传感器数据，以最大限度地减少通信通道的负载，并节省 PHR 存储服务器的资源。在这种特殊情况下，必须在现场做出关于运动正确性的决定。需要局部决策支持以实时提供运动反馈，没有明显的延迟，并满足完整数据路径的安全关键可靠性需求。最实用的是在网关设备中实现训练评估过程，该过程通常具有足够的计算能力，并且可以访问关于环境和用户的情境信息。因为它将要传输到远程位置的个人信息量最小化，基于雾的局部决策还保护了用户隐私。

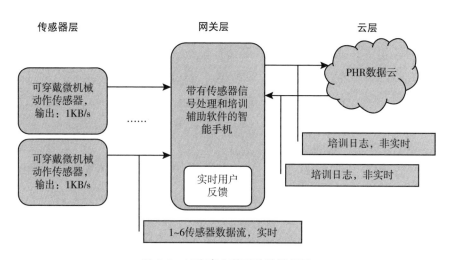

图 5.3　以家庭为基础的培训援助

5.6　案例分析 3：智能家居

在本节中，我们将分析多年使用智能家居解决方案的经验和教训，重点是智能家居能源管理（HEM）。

实施此智能家居解决方案的主要原则如下。

（1）由于安全性和延迟，计算是在传感器和执行器附近进行的，并将最终数据保存在家庭网关（一个雾计算节点）。云计算用于分析大量数据以及用于模型开发和测试的决策。

（2）广泛使用自感知。系统采用特定的感知情况，并对非授权的对象非常谨慎。对象授权的过程分为 2 步：首先，系统管理员必须将设备引入系统，然后才能将设备添加到系统中。然后，系统连续扫描接收的设备，如果出现不匹配的情况则拒绝与设备交互。

Abowd 和 Day[36] 介绍了如下主要的情境类型。

● 位置：来自全球定位系统传感器的位置数据。

● 身份：基于 RFID 标签的身份识别对象。

● 时间：从时钟读取时间，即日间时间。

● 活动：正在进行哪些活动。

还有一个次要的情境类型，它是我们可以根据主要情境信息使用的衍生信息。例如，利用身份信息，我们可以在社交网络和互联网上获得关于一个人的大量信息。

在该案例中，我们将从分析情境信息开始。系统能够对新情况做出反应并从结果中学习。对于我们的方法，自适应和自组织属性非常有价值。我们尝试使用自组织方法，而不是根据现有信息找到最佳解决方案。例如，众所周知的房屋能源规划是一个非常复杂且困难的问题。情况可能会变化得非常快，我们制订的完美计划也可能会失败。我们尝试使用自适应技术，而不是仔细规划。例如，可以从传感器获取有关能源需求的信息，并快速使用储存的能源。

在进入实例之前，让我们来看看智能解决方案的概念。

智能解决方案的概念在此示例的情境中非常重要。智能（smart）是指快速智能（intelligence），即人们表现出的对不同情况做出智能响应的快速反应能力。正如所观察到的，2 种智能（smart 和 intelligence）的概念密切相关。关于我们是否可以向计算机或软件展示智能，这是一场长期争论。今天的计算机可以做很多智能的事情，如越野或在城市街道上驾驶汽车。

术语"智能系统"用于描述实现系统目标所需的必要能力水平。智能在科学上被归类为生物刺激反应机制。在我们的示例中，使用不同的传感器从环境中获得刺激，并使用现有的知识和连接到系统的执行器做出反应。在其生命周期中，系统从经验中学习，学习能力正是使系统智能化的原因。计算机的能力、大量的信息和传感器使系统变得智能化。

智能解决方案由智能对象组成[37]。智能对象的一个定义是纯粹的技术定义，即智能对象是配备有某种形式的传感器或执行器、微处理器、通信设备和电源的对象。传感器或执行器使智能对象能够与现实世界进行交互。微处理器使智能对象能够转换从传感器捕获的数据，尽管速度和复杂度有限。通信设备使智能对象能够将传感器读数传送到外部世界，并接收其他智能对象的输入。电源为智能对象提供电能来帮助其完成工作。这些对象可以学习和适应不同的现实情况，并使用不同的机器学习算法[38]。

案例研究对象表征

这是一个六人的家庭住宅，用电量很大，如图 5.4 所示。该系统有 2 个热泵、1 个汽油发电机和 3 个油散热器。消耗电力最多的设备是热水器、洗衣机和炉灶。房子的使用时间不规律，因为居民是工作的成年人，有时他们并不使用房间里的设备。这都使得优化能源使用变得困难，但却产生了巨大的经济效益。

传统的房屋能源系统的设计方法包括专业团队确定系统需求、设计解决方案和实施解决方案。这些造价都很昂贵，并且需要花费一定的时间。通常，终端用户无法主动干预系统行为和功能。我们将选择另外一种方法来解决这一问题，方法如下。

（1）通过操作解放设备数据来实现智能决策。

（2）由用户使用规则定义决策。

（3）系统收集决策数据和情境数据，分析收集的信息并提出建议。

优化能源使用的一个示例是加热装置的工作时间。这样做的目的是用户回家后，房间是温度舒适的，而加热器不会太早开启。房屋设置的用户界面①如图 5.5 所示。界面具有传递信息的作用（室温、光照水平和湿度），同时又

---

① Telia Eesti AS 网址：https://www.telia.eeSmartHomesolution。该营销服务从 2017 年开始停止。

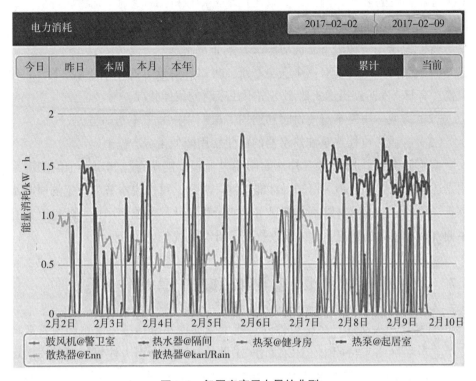

图 5.4　每周家庭用电量的典型

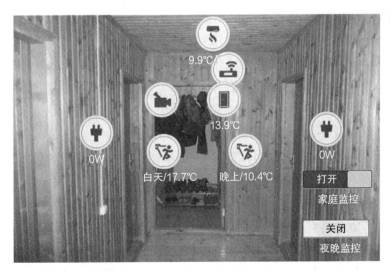

图 5.5　家庭住宅设置用户界面

是执行器触发的表征。例如，如果用户单击摄像机图标，他／她将获得摄像机视频流，或者在单击插头图标的情况下，灯或热泵将被切换。

智能家居用户在以下方面对解决方案非常满意。

（1）安全性。房子有一个安全系统，可以在有烟雾／火灾的情况下监测和报警。有日／夜监控摄像头监测房主不在家时的房屋状况。

（2）方便。房屋本身（供暖和通风）根据用户需求不断调整。

（3）省钱。可控热泵和热水器的优化使用降低了成本。

我们计划给该解决方案补充太阳能电池板、能源存储和市场中的能源采购，还计划建立一个小规模的局部能源网。总之，可以说本节中设定的原则是富有成效的。应根据雾计算范例尽可能接近设备并尽可能使用情境信息。只有在拥有数据量大的情况下，才能发挥出云计算的优势。

5.7　案例研究 4：情报、监视和侦察——军事传感系统

如本章开头所述，系统组件的功能增强促使军事传感系统也经历着架构变革。虽然网络支持能力（NEC）在 21 世纪初是一个引人注目的愿景，但可以说，在 2016 年，技术组件和架构可以允许追赶这一愿景。本节描述了情报、监视和侦察（ISR）解决方案概念，该概念建立在 Mist 计算和雾计算的概念之上，与 10 多年前提出的 NEC 公司的愿景非常接近。

在欧洲防务局的 IN4STARS 项目中，主动技术研究实验室开发了一种基于 Mist 计算和雾计算方法的 ISR 解决方案原型。该解决方案的任务是帮助该领域的作战单位和远程情报人员提高态势感知能力。部署在现场的传感器系统使用 Mist 计算和雾计算原理在传感器处理本地收集的数据，并且遵循数据到决策[11]的规则，仅向用户提供用户请求的情境数据和信息。

与采用中央协调代理的传统系统方法不同，项目中应用的传感器系统架构建立在混合 Mist 计算和雾计算方法的基础上，其中各个雾计算节点是自主的。当向部署的 ISR 系统发出信息请求时，任何能够以可接受的成本提供所请求信息的节点都将对其进行响应。提供所请求信息所需的特定传感器模式（如被跟踪车辆的监测和识别）不需要与提供信息的系统同处一地，而是可以从多个来源融合信息，包括地面来源和空中来源。为了实现这种操作，节点必须保持一定程度的自感知以及对系统本身的认识，以便找到所需的传感器源来生成

所需信息。为了实现和维持所需的自我意识和群体意识，各个系统必须能够直接通信并从其他系统请求服务。概念性系统配置如图 5.6 至图 5.8 所示。

　　在雾计算范式中，应用 D2D 方法意味着信息消费者对情境信息的请求可以被定向到该领域中最接近感兴趣区域的传感器资源。可以使用许多替代方法向特定信息提供者提供信息，如地理路线、使用中央服务目录或一些其他服务发现机制。基于信息请求，在提供信息服务的计算设备中（如传感器或融合节点）启用该算法。向数据源（传感器节点）发出服务请求，用这些数据源中的所需数据来计算所请求的情境信息。一旦计算出信息，就将其提供给消费者。

　　该传感器系统是一个具有动态网络结构和功能以及特设通信路径的无线传感器网络。根据系统接收的信息请求，在本地使用适当的 Mist 计算和雾计算算法以处理收集的传感器数据，并将所请求的信息传递给用户。作为解决方

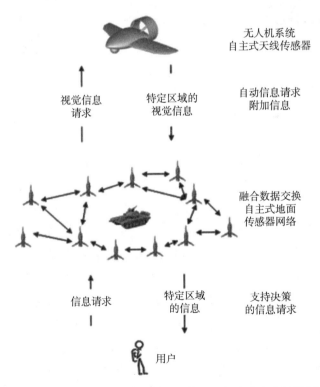

图 5.6　利用 Mist 计算和雾计算原理的 ISR 解决方案中的数据流

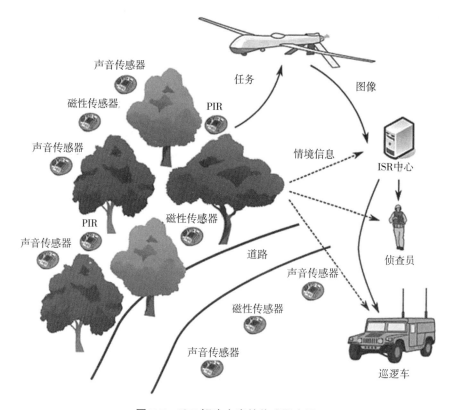

图 5.7　ISR 解决方案的传感器布局

案的一部分，每个传感器都配备了本地计算单元和无线通信接口，使其成为雾计算解决方案中的独立节点。解决方案中采用的多模态传感器（如地震、红外、声音、视觉、磁性等）利用了传感器内信号处理，包括基于传感器数据深入分析的新型检测和分类算法。该解决方案包括多个传感器，这些传感器以特殊的方式组装到系统中，从而实现实时配置和行为自适应。

　　为了更精确地评估被检测到对象的位置和类型，并满足用户的情境信息需求，我们增加了一个雾计算层，该层进行网络内分布式数据聚合和融合，这是依靠基于订阅模式的面向服务的中间件层实现的。在雾层，应用数据融合方法将数据按照需求传输给传感器，根据用户发出的信息请求来收集特定融合操作所需的数据。这种逻辑系统结构通过分布式融合和聚合实现了对情境信息的分层构建。为了确保数据的正确性，采用时间选择通信方法为雾层的融合和聚合算法提供时间对准的数据。

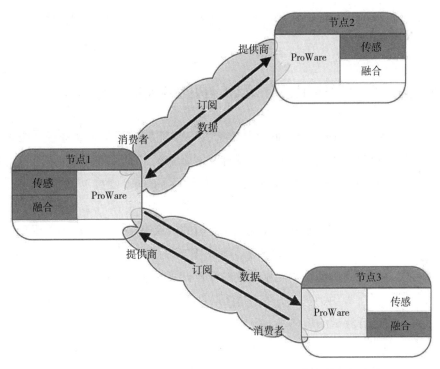

图 5.8　Mist 计算中边缘设备之间基于订阅（服务）的数据交换

　　使用 Mist 计算和雾计算原理实现的分布式处理是由主动中间件实现的，该中间件由塔林理工大学的前沿技术研究实验室开发。ProWare 提供的服务包括数据提供商的发现、在线数据验证以及数据提供商和消费者之间的服务合同协议。这种架构还有助于在不断变化的系统配置中进行可预测的操作。借助这些功能，ProWare 可以使用订阅模式在分布式网络中动态创建数据和信息交换关系。ProWare 解决了分布式计算场景中的一个重要挑战，即确保数据的时间和空间的有效性——确保计算中使用的数据来自正确的位置（来自正确的传感器节点），并与计算中使用的其他数据在时间上保持一致。后者在传感器数据融合应用中非常关键，但是当使用 Mist 原理和雾原理以分布式方式执行融合时难以实现。

　　构成 ISR 原型的传感器系统可以分类为地面传感器和空中传感器，下面将对这 2 种类型的传感器进行描述，并对系统的操作进行讨论。基于声学阵列的目标定位解决方案，利用自主声学阵列协同工作以定位检测到的目标。同样的阵列也可以使用任何可用的分类方法进行声学分类，我们在以前的论文中也介绍过[39]。

5.8 基于分层时序记忆存储器的智能网关需求与架构

上述所有案例研究的共同点是都需要一个能够进行学习、建模、行为适应和异常监测的智能处理单元。传统神经网络系统中的反向传播学习算法速度很慢[40]，并且需要大量使用浮点运算（如计算 sigmoid 函数），因此它不适合需要"像人类一样的"快速反应和连续学习能力的应用。

在现代连续学习算法中，Numenta 公司的分层时序记忆（HTM）受到新皮层结构的启发，与许多其他探测器算法相比较为成功[41]。此外，Numenta 方法具有较小的计算负荷，不使用复杂的浮点计算，而是使用简单的定点和整数算法，因此很有吸引力。这一特性值得 HTM 在内存、处理性能和能源有限的应用领域中进行测试。

在本节中，我们将讨论雾计算网关基于 HTM 的微控制器和 SoC 计算平台的设计方法，以满足所需的处理能力、内存和能耗。

如图 5.9 所示，我们认为网关负责以下功能和操作。

（1）边缘输入设备的控制和电源管理。

（2）输入数据的融合和时间戳。

（3）数据抽象和调节。

（4）与云服务的加密数据交换。

（5）将数据编码为稀疏数据表示格式，用于 HTM 处理（数据的空间和时间池化）。

（6）连续 / 动态模型构建、预测和异常监测。

（7）关于情况的第 1 级推理和决策。

（8）用户反馈和互动（人机界面）。

（9）自省：随时间变化的服务质量和行动历史。

微控制器 / 微计算机平台可能聚合传感数据，并基于 HTM（分层时序记忆）进行数据处理（预测和异常监测）。以移动平台为例，即使是基于 ARM 微处理器的智能手机也可以成为可行的解决方案，因为它具有出色的连接性和丰富的内存，尽管如此，由于智能手机的多种常规应用，HTM 所需的在线大规模计算可能会受到很大阻碍。其能量储备不能保证全天候待命。此外，持续的在线设备会对保密和隐私构成风险[42]。因此，像 Raspberry Pi、Pine 64 和 Odroid C2 等固定单板计算机可能是最佳选择。

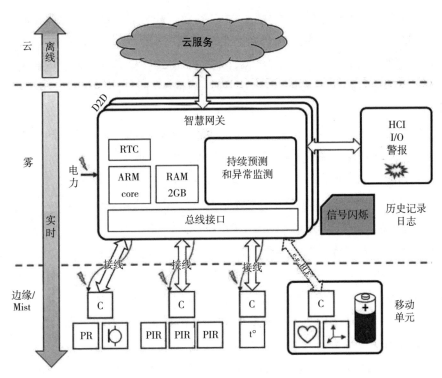

图 5.9　基于雾计算范式的智能网关：C 控制器、PIR 无源红外传感器、PR 光敏电阻、D2D 设备间通信、HCI 人机界面

目前，HTM 工具 NuPIC 可在台式计算机或便携式计算机平台上运行，并且尝试在 Raspberry Pi 3 等单板计算机或 Android 平台上运行，这些实际上是在雾计算中最具吸引力的网关模块，因为它们具有低造价、高可用性和良好的社区支持。因此，自 2016 年 6 月起，NuPIC 仅适用于 RasPi 3 平台[43]。

尽管有上述优点，但 HTM 的纯软件实现对资源要求很高。虽然基本操作很简单，但在实时情况下对内存和性能的要求很高（GigaBytes 内存、多核处理器等）。由于这种性质，HTM 不适用于远端网络，但它是一种网关级别的功能，可以处理更高级别的实时数据，这些数据已经在边缘传感器节点的原始数据中进行了预处理、过滤、平均和融合。尽管如此，对于不同的 NN 和 HTM 算法的能量方面还没有进行很好的比较研究。

配备 HTM 功能的网关可用于学习和评估家中患者的安全行为。尽管如此，人类的行为在很大程度上是由家庭以外的环境和社会情况所决定的，这取决于媒体影响、环境条件、政治形势和社会新兴趋势等，这些聚合在一起影响着人类的日常行为。因此，由于缺乏整体信息，即缺乏"大局观"，局部（内部）处理网关或节点的推理能力总是有限的。必须在云环境中进行更高级别的预测，因为云环境拥有必要的信息，将一般情况所有可能的结果反映到网关节点。

依据摩尔定律，随着微控制器的处理能力不断提高，计算能力问题将得到缓解。这同样适用于不同的系统级芯片（SoC）。例如，赛灵思（Xilinx）Zync-7000 系列的高端可编程逻辑 SoC 具有高达 26.5Mbits 的内部块存储器容量（双端口、可编程、内置可选纠错），它们还带有双核 ARM Cortex-A9 微机 IP[44]。

在 HTM 的 SW 实现中，神经连接（即突触）是由源神经元的位置以及附加的动态信息（如持久性和激活历史）组成的数据记录。在这里，持久性代表了突触生长的阶段[45]。所有这些信息必须保存在工作记忆中，以保证能够进行有效处理。

例如，Numenta NuPic HTM 模型工具 NuPIC[45] 处理网络通常由 2^{16} 个神经元组成，这与哺乳动物皮质柱中第 3 层的神经元数量非常匹配[46]。因此，一个平均的 HTM 模块（近似于皮质柱第 3 层）由 2048 个（小）列组成，每列有 32 个神经元，即 2^{16} 个神经元 × 每个神经元有 20 个树突 × 每个树突有 40 个突触，总共需要 52428800 个单词来记录一个网络中所有可能的连接（突触）。当使用默认的 32 位字长时，其中 16 位用作突触的源神经元地址，16 位剩余位作为突触的寿命值和活动历史值，那么分配的最小内存量为 209715200 字节。

使用数百个树突模型（每个树突具有数百个突触）构建更复杂的神经元，对内存的需求要超过千兆字节。这与人类大脑皮层的顶级神经元的能力相差甚远——单个锥体细胞可以有大约 12000 个树突，并接受大约 30000 个兴奋性输入和 1700 个抑制性输入[47]。

此外，还有数值表示列激活、每个神经元的状态、树突片段和列的阈值等。最后，有一些参数有助于控制和分配网络中所有微柱和神经元的负载。处理负载不是一个很难的问题，因为根据稀疏原理，在空间池化阶段之后只有

2%的神经元将变为活跃状态，从而预测下一个状态（输入）。

8KB 大小的 Xilinx ZYNC SoC 的块存储器可以记录和保存至少一个人工神经元的连接信息，其中有数百个连接（假设每个字代表突触连接的源地址和永久值）。Xilinx Zynq-7000 系列的顶级 FPGA 包含数百个块存储器（755 个"高级"XC7Z100 和 140 个"消费级"XC7Z020），允许硬件实现常规 HTM。尽管如此，虽然可以仅使用串行线的时分多址（TDMA）方式来实现神经元之间的连接，但 FPGA 上的连接资源可能成为障碍。集成的多核 ARM 微处理器能够在外部存储器中处理更多的神经处理数据，其缺点是能耗成本显著提高。

尽管如此，常规硬件 / 软件技术中的 NN 处理仍然很耗电，并且不适用于可用能量和存储空间有限的应用。功率受限系统的设计者要么降低节点的可用"智能性"，要么只将有学习能力的节点插入到有低速实时要求的位置（允许大部分时间利用睡眠模式），把耗电的任务留给更高级别的网关或有充足电力的服务器。

例如，自动驾驶汽车必须在极短时间内（比人类驾驶员更快）处理大量的高分辨率地图、视觉、雷达和感官实时数据，以确保在不可预测的交通条件下进行安全驾驶。相比之下，当采样和决策的时间间隔为数秒甚至数分钟时，人工或自然生活环境中的过程是安全的。在这种情况下，睡眠模式的使用允许显著降低总功耗（当然必须满足峰值功率需求）。与哺乳动物类比，自动驾驶汽车控制器的处理速度可以与猎豹的视觉信息处理速度相媲美，而生活环境中的进程则以树懒的速度前进。在昆虫世界分类中，极端案例可能是苍蝇和毛虫。

由于内存、算法处理和电力资源非常有限，在系统边缘（感觉节点）使用的典型的 8 位和 16 位微控制器只能进行感觉信号滤波、基本的固定算法处理以及与高层节点的通信。尽管如此，在边缘节点处可能存在非常复杂的局部调节功能，如各种 PID 控制器。

例如，由于集成了外围设备和电源效率，非常受欢迎的 32 位 ARM Cortex-M（微控制器处理器）系列设备很适合家庭自动化任务。唯一的问题是集成内存有限（TM4C129x MCU 系列中最多只能达到 256KB 的 SRAM），这限制了它们在神经或皮层学习类型的基于算法的应用程序中的可用性，在这些应用中，紧密互联的神经元就可能是数以千计的。通常必须追踪不止一个输入信号来发现受试者的异常行为。例如，在康复护理的情况下，IMU 用于评估身体部位的运动。代替这 6 个独立的 HTMs，实施 6 个皮质柱可能同时跟踪所有的信号，决策可以根据这些 HTMs 的汇总异常来进行评分。HTM 尚未具备哺乳动物皮质柱的全部功能。尽管如此，它还有一组有用的属性可供在雾级网关中使用。HTM 丰富的网关可以负责输入抽象、分类、异常监测以及与云级处理节点的通信，以高级抽象术语描述可观察的情况，如"正常""异常""警觉""注意""健康"等。

5.9 结论

在本章中，我们已经证实了许多研究人员的观察结果，在传感器节点（边缘 /Mist 计算）和局部网关（雾计算）中，托管信号分析和一些智能在可靠性应用方面是有益的。新兴的自感知概念有望为局部传感器和网关提高感知及适应性行为的水平。在 4 个案例研究中，局部智能的潜在优势尤为明显，即使它们还没有被完全实现。然而，尽管在层次结构级别之间分配计算的定性论据令人信服，但仍然面临如下巨大挑战。

（1）从数量上来说，其所涉及的权衡信息不易理解。将一段计算从云端移动到智能网关或传感器节点可能会导致通信需求的显著变化以及计算效率的重大改变，因为计算平台在不同的位置是完全不同的。整体的权衡分析将取决于应用程序的细节、涉及的平台和协议。它很少针对特定情况进行，而且没有一个普遍适用的方法。

（2）虽然有很多传感器节点和网关架构的案例，但是对于需要什么资源以及如何组织架构却并没有统一的观点。一些平台已经变得相当流行，但该领域正在经历快速发展，需求正在相应地发生变化。因此，对 1 个或 2 个受欢迎平台进行融合并不会很快实现。

（3）目前还没有提出任何方法和支持工具可以指导应用程序工程师完成应用的设计，同时探索由于平台的选择、功能以及在 Mist 计算、雾计算和云计算的层次结构中的分布而产生的权衡问题。

在本章中，我们已经说明了智能和自感知在 Mist 计算和雾计算中的优势，并已经勾勒出一个可能的网关架构，以满足我们今天的需求。然而，这也突出表明，在这个新兴但极具活力的领域里，仍然存在诸多挑战。

5.10　参考文献

［1］ A.V. Dastjerdi, R. Buyya, Fog computing: helping the internet of things realize its potential. Computer 49, 112–116（2016）.

［2］ J.S. Preden, K. Tammemäe, A. Jantsch, M. Leier, A. Riid, E. Calis, The benefits of self-awareness and attention in fog and mist computing. Computer 48（7）, 37–45（2015）.

［3］ More Data, Less Energy: Making Network Standby More Efficient in Billions of Connected Devices（2014）. https://www.iea.org/publications/freepublications/publication/more- data-less-energy.html.

［4］ A. Jantsch, K. Tammemäe, A framework of awareness for artificial subjects, in *Proceedings of the 2014 International Conference on Hardware/Software Codesign and System Synthesis.* CODES '14（ACM, New York, 2014）, pp.20:1–20:3.

［5］ N. TaheriNejad, A. Jantsch, D. Pollreisz, Comprehensive observation and its role in self-awareness-an emotion recognition system example, in *Proceedings of the Federated Conference on Computer Science and Information Systems*, Gdansk（2016）.

［6］ IEEE International Conference on Self-Adaptive and Self-Organizing Systems（2007–2016）.

［7］ J.Pitt（ed.）, *The Computer after Me:Awareness and Self-Awarenessin Autonomic Systems*（Imperial College Press, London, 2014）.

［8］ SelPhyS: workshop on self-aware cyber-physical systems, CPS Week, Vienna（2016）.

［9］ N. Capodieci, E. Hart, G. Cabri, Designing self-aware adaptive systems: from autonomic computing to cognitive immune networks, in *IEEE 7th International Conference on Self-Adaptation and Self-Organizing Systems Workshops（SASOW）, 2013*（2013）, pp.59–64.

［10］ S.Kounev, X.Zhu, J.O.Kephart, M.Kwiatkowska, Model-driven algorithms and architectures for self-aware computing systems（Dagstuhl Seminar 15041）. Dagstuhl Rep. 5（1）, 164–196（2015）.［Online］. Available:http://drops.dagstuhl.de/opus/volltexte/2015/5038.

［11］ B.Broome,Data-to-Decisions: a transdisciplinary approach to decision support efforts at ARL, in *Proceedings of the Ground/Air Multisensor Interoperability, Integration, and Networking for Persistent ISR III*, vol. 8389（SPIE, 2012）.

［12］ J.O.Kephart, D.M.Chess, The vision of autonomic computing. Computer36（1）, 41–50（2003）.

［13］ A.Y.Zomaya（ed.）, *Handbook of Nature-Inspired and Innovative Computing*（Springer,Berlin, 2006）.

［14］ C. Müller-Schloer, H. Schmeck, T. Ungerer（eds.）, *Organic Computing—A Paradigm Shift for Complex Systems*（Birkhauser, Basel, 2011）.

［15］ M.T. Higuera-Toledano, U. Brinkschulte, A. Rettberg（eds.）, *Self-Organization in*

Embedded Real-Time Systems（Springer, Basel,2013）.

［16］B. Cheng, R. de Lemos, P. Inverardi, J. Magee（eds.）, *Software Engineering for Self-Adaptive Systems.* Programming and Software Engineering（Springer, New York, 2009）.

［17］D.Vernon, G.Metta, G.Sandini, A survey of artificial cognitive systems:Implications for the autonomous development of mental capabilities in computational agents. IEEE Trans. Evol. Comput. 11（2）, 151–180（2007）.

［18］P.R.Lewis,M.Platzner,B.Rinner,J.Torresen,X. Yao（eds.）,*Self-Aware Computing Systems: An Engineering Approach*（Springer, New York,2016）.

［19］N.Dutt, A.Jantsch, S.Sarma, Towards smart embedded systems: a self-aware system-on-chip perspective. ACM Trans. Embed. Comput. Syst.（2016）. Invited. Special Issue on Innovative Design Methods for Smart Embedded Systems.

［20］N. Dutt, A. Jantsch, S. Sarma, Self-Aware Cyber-Physical Systems-on-Chip, in *Proceedings of the International Conference for Computer Aided Design,* Austin,TX （2015）.Invited.

［21］Vital signs monitoring devices market: Increasing usage in home care settings and sports industry fuelling demand: Global industry analysis and opportunity assessment 2015–2025, London（2015）.［Online］.Available:http://www.futuremarketinsights. com/reports/vital-signs- monitoring-devices-market.

［22］R.Morgan, F.Williams, M.Wright, An early warning scoring system for detecting developing critical illness. Clin. Intensive Care 8（2）, 100（1997）.

［23］J. McGaughey, F. Alderdice, R. Fowler, A. Kapila, A. Mayhew, M. Moutray, Outreach and early warning systems（EWS）for the prevention of intensive care admission and death of critically ill adult patients on general hospital wards. Cochrane Database Syst. Rev. 18（3）(2007）.

［24］D. Georgaka, M. Mparmparousi, M. Vitos, Early warning systems. Hosp. Chron. 7（1）, 37–43（2012）.

［25］A.Anzanpour, I.Azimi, M.Götzinger, A.M.Rahmani, N.TaheriNejad, P.Liljeberg, A. Jantsch, N. Dutt, Self-awareness in remote health monitoring systems using wearable electronics, in *Proceedings of Design and Test Europe Conference（DATE）,* Lausanne（2017）.

［26］A.Anzanpour, A.M.Rahmani, P.Liljeberg, H.Tenhunen, Context-aware early warning system for in-home healthcare using internet-of-things, in *Proceedings of the International Conference on IoT Technologies for HealthCare（HealthyIoT'15）.* Lecture Notes of the Institute for Computer Science（Springer, Berlin,2015）.

［27］M. Götzinger, N. Taherinejad, A.M. Rahmani, P. Liljeberg, A. Jantsch, H. Tenhunen, Enhancing the early warning score system using data confidence, *in Proceedings of the 6th International Conference on Wireless Mobile Communication and Healthcare （MobiHealth）*, Milano（2016）.

[28] Important Facts about Falls (2016) . [Online] . Available: http://www.cdc.gov/homeandrecreationalsafety/falls/adultfalls.html.

[29] I.-M.Lee et al. Effect of physical inactivity on major non-communicable diseases worldwide: an analysis of burden of disease and life expectancy. Lancet 380 (9838) , 219–229 (2012) .

[30] G. Sprint, D.J. Cook, Using smart homes to detect and analyze health events. Computer 49, 29–37 (2016) .

[31] R.Igual, C.Medrano, I.Plaza, Challenges, issues and trends in fall detection systems. BioMed. Eng. Online 12 (1) , 66 (2013) .

[32] L. Dasenbrock, A. Heinks, M. Schwenk, J. Bauer, Technology-based measurements for screening, monitoring and preventing frailty. Zeitschrift für Gerontologie und Geriatrie 49 (7) , 581–595 (2016) .

[33] A.Tessier,M.-D.Beaulieu,C.Mcginn,R.Latulippe,Effectiveness of reablement: a systematic review. Healthcare Policy 11 (4) , 49–59 (2016) .

[34] S. Billinger, R. Arena, J. Bernhardt et al., Physical activity and exercise recommendations for stroke survivors. Stroke 45 (8) , 2532–2553 (2014) .

[35] M.S. Kuster, Exercise recommendations after total joint replacement. Sports Med. 32 (7) , 433–445 (2002) .

[36] G.D. Abowd, A.K. Dey, P.J. Brown, N. Davies, M. Smith, P. Steggles, Towards a better understanding of context and context-awareness, in *Handheld and Ubiquitous Computing* (*HUC*) , ed. by H.W. Gellersen. Lecture Notes in Computer Science, vol. 1707 (Springer, Berlin/Heidelberg, 1999) .

[37] J.-P. Vasseur, A. Dunkels, *Interconnecting Smart Objects with IP: The Next Internet* (Morgan Kaufmann, Amsterdam, 2010) .

[38] P. Harrington, *Machine Learning in Action* (Manning Publications, Greenwich, 2012) .

[39] S. Astapov, A. Riid, A hierarchical algorithm for moving vehicle identification based on acoustic noise analysis, in *Proceedings of the 19th International Conference Mixed Design of Integrated Circuits and Systems:19th International Conference Mixed Design of Integrated Circuits and Systems MIXDES 2012* (2012) , pp.467–472.

[40] D. Graupe, *Deep Learning Neural Networks. Design and Case Studies* (World Scientific, Singapore, 2016) .

[41] A.Lavin,S.Ahmad,Evaluating real-time anomaly detectional gorithms-the numenta anomaly benchmark, in *14th International Conference on Machine Learning and Applications* (*IEEE ICMLA*) (2015) .

[42] M.A. Hassan, M. Xiao, Q. Wei, S. Chen, Help your mobile applications with fog computing, in *12th Annual IEEE International Conference on Sensing, Communication, and Networking- Workshops* (*SECON Workshops*) (2015) .

[43] pettitda, Road Testing the Raspberry Pi 3 with HTM: Building the Software for

32-bit ARM（2016）.https://www.element14.com/community/groups/roadtest/blog/2016/06/07/road- testing-the-raspberry-pi-3-with-nupic.

[44] Expanding the All Programmable SoC Portfolio（2016）.［Online］. Available: https://www. xilinx.com/products/silicon-devices/soc.html.

[45] J.Hawkins,S.Ahmad, Why neurons have thousands of synapses,a theory of sequence memory in neocortex. Front. Neural Circuits 10（23）, 1–13（2015）. https://doi. org/10.3389/fncir.2016. 00023.

[46] V.B. Mountcastle, The columnar organization of the neocortex. Brain 120, 701–722（1997）.

[47] M. Megías, Z. Emri, T. Freund, A. Gulyás, Total number and distribution of inhibitory and excitatory synapses on hippocampal CA1 pyramidalcells. Neuroscience 102, 527–540（2001）.

第6章
城市物联网边缘分析

阿坎沙·乔杜里，马克·莱沃瑞托，伊戈·比瑞格，赛博·贝蒂亚

6.1 引言

物联网（IoT）范式在城市环境中的应用尤为重要，因为它可以满足重要的社会需求并适应社会趋势[1]。大量的学术和工业实践以及城市管理部门的行为都是为了实现功能性强和高效的智慧城市架构。例如，IBM 公司、德国西门子股份公司、思科系统公司、东芝公司和谷歌公司等正在开展旨在开发智能互联系统的项目，并在美国、欧洲和亚洲城市开展全市范围的活动[2, 3]。

目前的物联网架构依赖于 2 个极端。一方面，企业计算在很大程度上依赖于将所有数据传输到云端，以利用数据中心的大容量存储和计算平台的成本效益和效率[4, 5]。另一方面，由于严格的低延迟要求，关键任务应用程序在很大程度上依赖于本地计算来进行决策，如自动驾驶汽车和自动机器人。在城市物联网和智慧城市场景中，物联网技术的全城部署带来了一些固有的概念和技术挑战，而这 2 种极端架构无法解决这些挑战。例如，从个人移动传感器、视频监控系统、交通监控系统和其他相关系统的原始数据流运送到城市规模的数据中心，需要大量的带宽和移动设备的能源消耗，并且可能导致无线网络边缘的服务中断。同样，在完善和成熟的城市物联网场景中，对这种大型和异构的数据流进行集中实时处理是不可行的。

边缘计算是一种架构，它使用终端用户客户端和一个或多个近用户的边缘设备协同存储大量数据，处理计算密集型任务，联合通信以减少干扰，并协同执行管理任务以提高应用程序性能。在这种边缘计算架构中，具有计算、存储和网络功能的任何设备都可以作为近用户边缘设备。终端用户客户端和各种边

缘设备可以与现有的基于云端的体系结构共存，以提高系统整体性能。这种边缘计算的概念在［6］中也称为"边缘分析"，在［7］中称为"雾计算"。边缘计算通过在本地接入网络边缘执行任务来解决4个关键挑战。第一，它在存储或计算能力方面汇集了边缘设备未充分利用的资源，并最大限度地减少了将数据传输到云端的网络开销。第二，它提供了情境感知，因为在网络边缘的客户端可以获得应用程序级详细信息。第三，它通过在网络边缘处理，而非依赖于云端来实现实时响应，延迟为几十毫秒，其中核心的多跳网络架构可能导致延迟。第四，可以灵活地升级边缘设备上的软件堆栈，而无须修改云端或核心网络中的软件堆栈。

创新城市范围的架构应该充分利用这些新范例，这些范例有可能在大规模系统中获取、传输和处理数据方面取得重大进展。特别需要注意的是，在涉及的许多地理和系统规模上，信息获取、数据通信和处理之间应该存在强大的互连。这种互连可以显著降低网络负载，同时显著提高智慧城市服务的质量并减少响应延迟。例如，在本地无线网络内或边缘执行的数据融合和处理，可以告知数据过滤和资源分配策略（图6.1）。

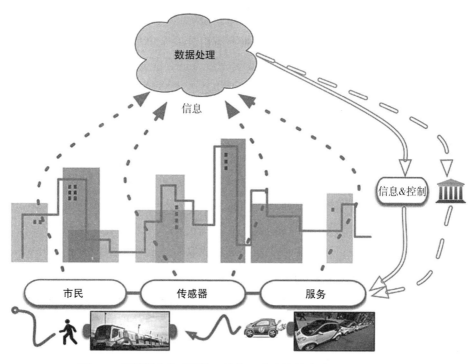

图6.1　利用城市物联网将系统与用户连接的方式提供创新服务

本章的其余部分内容如下。6.2 进一步讨论设计面临的挑战。6.3 介绍了该架构并讨论了其主要组件，即信息获取和压缩、内容感知网络和信息可用性。6.5 对本章进行了总结。

6.2　设计挑战

大城市面临许多挑战，包括交通拥堵、公共安全问题、高能耗、卫生问题、公共互联网连接以及提供基本的市政服务。建立智慧城市的一个主要问题是提供无处不在的宽带带宽和连接。虽然大多数现代城市都有一个或多个蜂窝网络保证足够的网络覆盖，但这些网络通常被设计为具有容量和峰值带宽限制的网络，仅能满足其现有用户的需求。这为智慧城市模式中设想的先进市政服务留下了相对较小且随时间变化的带宽量。

安全和保障是现代城市的一个迫切需求，也是智慧城市努力的重点。在智慧城市中，这种需求通过大型分布式传感器和系统网络来解决。市政网络可以携带敏感数据（即警察派遣）并操作生命攸关系统（如智能交通、防撞应用和第一响应者通信等），因此必须既安全又可靠。交通监控应用需要不断地更新每条道路和交叉口的交通流量，以管理道路拥堵并控制事故区域的交通流量。

考虑到安全和保障，建设城市规模系统所面临的技术挑战是视频监控和监督。智能城市、零售商店、公共交通和企业越来越依赖摄像头来改善安全和保障，识别未经授权的访问，并提高其基础设施的可靠性。本地处理不适合部署，因为通过大规模网络收集数据的总带宽使得将所有数据传输到云端以获得实时洞察力是不切实际的。城市规模的部署（如在交通信号灯上）和偏远地区没有足够的带宽来上传高数据速率的视频。许多应用程序（如实时跟踪和入侵者监测）对此类基础设施有严格的延迟限制。此外，必须保持隐私限制，以便视频不会向任何未授权方透露个人身份。高级分布式分析提供了构建实时、延迟敏感的分布式监控系统的机会，可以维护隐私。我们可以利用附近的节点，在配置了摄像头的边缘设备和云端之间智能地划分视频处理，从而实现实时跟踪、异常监测以及长时间间隔内收集数据以获取信息。

最后，智慧城市还可以利用其移动传感器从市民那里收集众包信息。例如，众包信息可用于预估停车可用性、社区安全、无线信号强度和公共场所拥堵。

我们总结了构建全市基础设施的主要关键挑战，这些基础设施可以利用城市中安装的大型传感器系统以及众包传感器：① 稀缺的无线带宽——可用的无线带宽对于多个传感器与现有无线服务共存是稀缺的，而有线基础设施需要大量投资；② 低延迟——低响应延迟对于交通监控等应用至关重要，其中将所有数据传输到云端以获取信息可能需要几分钟到 1 小时；③ 效率——如果要将所有传感器数据流传输到单个数据中心，城市将需要数 PB 的存储空间，除了获取摘要或监测异常事件之外，大多数数据都没有用。能源效率也有利于本地计算，因为连续通信收集数据所需的无线电发射功率通常会消耗众包环境中的传感器和移动设备；④ 隐私——与将数据聚集在一个地方的集中式解决方案相比，本地存储和计算可以维护从不同实体收集的单个传感器流的隐私。最后，将信息的情境保持在更靠近传感器的位置比在集中的位置更容易。

6.3　边缘辅助体系结构

基于 6.2 中描述的挑战，我们认为边缘计算是此类架构的关键组成部分，因为它将信息采集、通信和计算系统互联，以创建灵活的多尺度架构，其中所有组件可互相操作，在延迟、通信和计算之间的权衡方面实现效率最大化。因此，智能可以渗透到通信和计算系统的各个方面，以实现针对城市范围内任务的灵活性和适应性操作。该架构的主要特点如下。

（1）计算感知信息获取——边缘计算将成为用于自适应信息获取的分布式智能系统的主要引擎。目标是预先选择和压缩整个传感器系统的数据源，以最大限度地减少网络负载和能源开支。关键在于开发能够在本地去除不必要信息以完成全球计算目标的算法。请注意，在目前的多媒体流压缩算法中也使用了类似的原理，人类无法使用的"信息"被删除。在智慧城市环境中，可以消除与应用算法无关的信息。然而，与前一种情况不同，在后一种情况下，所需信息取决于时变参数，如计算目标和观察系统的状态。

（2）内容和处理感知网络——在智能城市系统中，目标是最大限度地提高可用数据交付给执行处理的计算资源设备的速度。连接到本地基站和接入点的边缘设备将实现内容和处理感知资源分配技术以及干扰控制机制。干扰控制可以采用传输功率和速率控制或信道访问控制的形式。在这 2 种情况下，网络管理员都必须了解应用程序算法的需求。

（3）有效的信息可用性——边缘计算将数据置于网络边缘，从而提高分布式和异构基础架构的本地可用性和可搜索性。为此，需要在系统的所有尺度上维护便携式语义结构。

下面我们将介绍架构的组成部分并讨论初步结果。

6.3.1　信息获取和压缩

边缘资源和本地传感系统之间的低延迟链路实现了在本地网络规模确定的系统范围的消息传递。提出的边缘辅助架构使用此消息传递来使城市物联网系统能够智能且适应性地选择相关数据。我们认为，不同规模的设备合作对实现这一目标至关重要。实际上，尽管物联网设备具有所有可用的个体数据，但边缘处理器可能具有来自多个单独传感器的压缩和损坏的数据版本。因此，架构需要实现消息传递以向各个传感器提供情境信息，这需要评估其本地数据的相关性并确定传输决策和数据压缩率。数据选择和压缩系统可以看作是分布式处理系统，其中异构代理合作为最终的应用程序提供关键信息。我们在逻辑上将这部分架构划分为自适应压缩和分布式计算组件。

自适应压缩：要做的一个关键分析是，在传感器复杂且大规模的环境中，应用程序具有特定的计算任务（如监测事件），不是所有的信息都需要在最终的控制器中。相反，为了最大限度地减少移动和低功耗设备中的网络负载和能源费用，只需通过通信基础设施推送必要的信息（图 6.2）。

然而，由于系统的规模和异质性，这种选择和压缩极具挑战，导致各个传感器和最终控制器可用的信息之间互不匹配。边缘计算靠近网络边缘，可以弥合这 2 个极端尺度，并支持高效和明智的本地数据选择和压缩。

自适应压缩基于传感器流与应用目标的相关性或重要性来压缩。传入的传感器流数据被适应性地过滤和压缩。传感器本身可能缺乏计算能力，也缺乏对先前训练好的模型的存储能力。但是，它们可以从传感器流中提取有用的特征并将它们传送到边缘设备。边缘设备使用先前训练的模型来分析内容的相关性或优先级，并将信号发送回传感器以进行自适应压缩。

一个名为 Vigil[8] 的系统说明了视频监控和实时视频监控应用的这一概念。应用目标是在繁忙的办公大厅中监测时间和人脸，同时从摄像设备到中央处理器的网络带宽受到限制。图 6.3a 显示了在午餐高峰期时段监测到的人脸数量，

而图 6.3b 显示在繁忙的办公大厅中收集的视频中只有不到 20% 包含相关信息
（如移动物体），所以将其传输到中央处理器是无用的。该系统利用这种洞察
力来实现自适应压缩，其中边缘设备与相机节点一起在通过网络发送时，优先
处理监测到的人脸的帧。

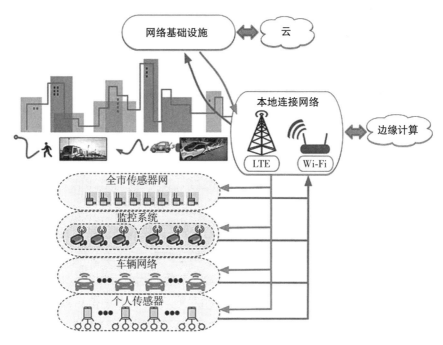

图 6.2　边缘辅助体系结构在多个尺度上互连信息采集、通信基础设施和处理资源

注：深色和浅色箭头表示数据和控制的双向交换。

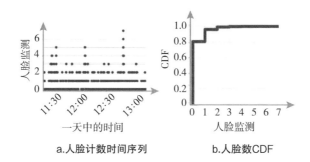

a.人脸计数时间序列　　　　b.人脸数CDF

图 6.3　最先进的视觉算法在办公大楼繁忙时段监测到的
人脸数量的时间序列和累积分布函数（CDF）

注意，自适应压缩方案提供了超过 MPEG-4 视频压缩方案的额外增益，因为它们是内容感知的。虽然标准 MPEG-4 视频压缩对流式传输到网络或电视上非常有效，但它们对于需要计算机视觉的应用目标无效，因为空间和时间压缩造成的伪影会影响算法的有效性（如对象监测、分类和跟踪）。重要的是，传感器的激活可以取决于观察环境的状态，如果情境信息发生变化（如监测到部分隐藏的移动物体），可能需要更多信息。此外，边缘计算可用于互联异构传感器系统，从而来自低带宽传感器（如声学和运动传感器）的信息激活需要带宽的传感器（如视频捕获）。

此外，还需要设计自适应的数据表示和压缩方案，以使它能够抵御无线信道的损害。此设计是基于最终处理目标的，其中基于情境和本地信息确定的相关特征受到更多保护。

边缘设备间的分布式计算：信息选择和压缩体系结构基于分布式智能的概念。边缘计算体系结构赋予的灵活性可以在实现预想的体系结构中发挥重要作用。

在边缘计算中，可以利用传感器和边缘设备的网络根据其能力分配计算功能，而不需要各个传感器共享其传感器流。这在一些场景中是非常有价值的，在这些场景中，可以从一组边缘设备更好地建立本地环境并且可以将存储卸载到附近设备，它的主要优点是不需要使用回程网络来收集状态信息。

同时，它展示了分布式计算中经常出现的 2 个新方面：①不同传感器流的同步，以便在从不同时钟的设备上收集时将它们融合在一起；②在边缘设备之间共享信息的时间尺度的粒度。在视频监控示例中，当目标识别异常或在获得有用的信息时，视频流在很大程度上仅需要与监测到的事件或对象相匹配。

本地计算资源可以有效地互联各个传感器（如多摄像头系统中的摄像头），只有它们的一个子集足以执行城市应用所规定的任务时，才能管理这些高带宽数据流。Vigil[8] 是一种实时分布式无线监控系统，除了自适应压缩，还可以跨摄像头部署分布式计算，以提高系统性能。图 6.4 说明了总体架构。Vigil 在俯瞰同一区域的不同摄像头之间运行集群内算法，以确定集群内摄像头最有价值的帧，并消除冗余观察，捕获相同的对象，最大限度地减少通信带宽，而不需要实际交换冗余帧。图 6.5 说明了这种方法的收益。需要注意的是，低活动级别所需的带宽（最多 16Kbit/s）低于可用的每个摄像头无线容量，因此维特比算法（Vigil）和轮询调度算法（Round-Robin）都能实现 90% 以上的精度，而单个摄像头因为缺乏足够的空间覆盖而受到影响。在中活动级别下也观察到类似的结果，除了当每个摄像头的可用无线容量（50 kbps）低于中等活动水平所需的带宽（最多80 kbps）时，Vigil优于其他方法。最后，在高活动级别下，所需的带宽远远高于可用的单个摄像头无线容量，我们观察到Vigil与Round-Robin相比增加了23%～30%，因为Vigil优先处理那些能最大限度提高应用精度的帧。

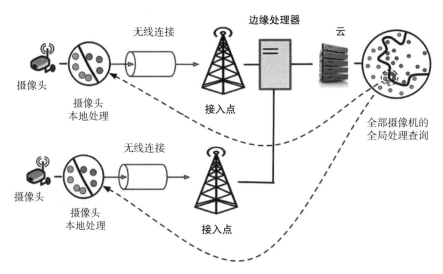

图6.4　具有分布式分类器的多摄像头系统，用于过滤或选择上下文感知的本地数据

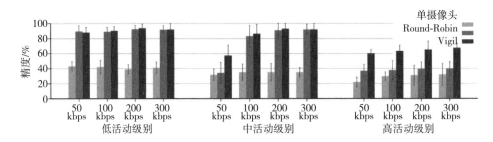

图6.5　相对于单摄像头系统和循环调度的多摄像头系统，集群内系统名称帧选择的准确性

注：误差条表示实验在不同无线条件下的标准差。

在这个推理的基础上，我们研究了边缘辅助系统中的能量带宽权衡，其中视频采集设备能够运行简单的分类算法以消除每帧内的冗余信息。因此，目标是只将帧内的区域传输给边缘处理器，以实现全局数据分析。经过深思熟虑的设置，该设备实现了级联分类器[9]来选择包含感兴趣对象（如行人）的各个帧的部分。

　　图 6.6 显示了应用分类器之前和之后的帧的示例。可以看出，分类器错误地将行人定位在包含其他对象的部分中。这是因为需要使分类器尽可能简单，以便在具有有限计算能力的设备上运行，同时保持帧输出速率。分类器误报被激活时会增加对比特率的需求，但不会损害远程视频处理器的性能，最终将通过使用更强大的分类器排除它们。

a.输入帧　　　　　　　　　　　　　　　　b.过滤框架

图 6.6　用基于 Haar 特征的行人分类器过滤帧的例子

　　图 6.7 描述了分类器处于活动状态和非活动状态时压缩后输出帧的大小。该措施有助于适应框架，因为它允许单个传感器估算这 2 个动作所需的带宽。可以观察到，当图像中对象的密度小时，与分类器不活动的情况相比，输出帧尺寸小得多。原则上，当行人不在时，一个完美的分类器会滤除整个画面。在我们所实现的实际分类器中，当密度小于 0.2 时，帧大小减小了 2~10 倍。当密度大时，分类器的激活与输出数据率中的效益不对应，同时增加能耗。实线对应 95% 的分位数，其用于激活 / 停用决策。

　　然而，如图 6.8 所示，与没有分类器的管道相比，来自终端设备的包含分类器的视频流管道需要更多的电力，而且时间更长。因此，在边缘设备花费的能量以及向边缘和云端资源传输必要信息所需的带宽之间存在着重要的权衡。对象密度也会影响处理帧所需的操作数。在考虑移动设备时，能量权衡显然很重要。然而，在部署了成千上万个传感器的城市规模的架构中，传感器所消耗的总体能量肯定是一个核心问题。

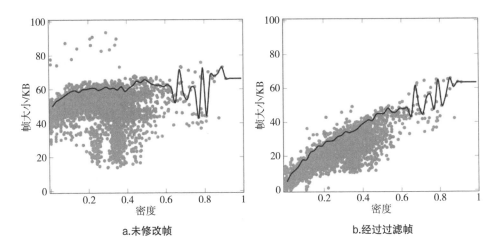

a.未修改帧　　　　　　　　　　　b.经过过滤帧

图 6.7　压缩视频流中未修改帧和经过过滤帧的大小随其物体密度的变化关系

注：黑线表示对应的 95% 分位数。

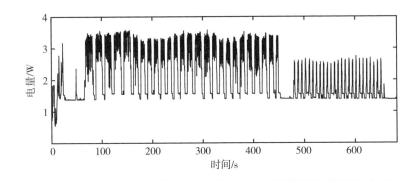

图 6.8　树莓派在带和不带分类器的情况下流式传输视频时消耗的电量

注：功率增加的簇对应一组 60 帧。第一个集群序列是使用分类器的情况，这会增加能量和执行时间。

　　图 6.9 描述了所提出的 2 种负载的带宽自适应技术的示范性轨迹。黑线表示每种情况下终端设备可用的最大带宽，深灰线表示终端设备使用的实际带宽，浅灰线表示传输未过滤流所需的带宽。带宽变化对输出速率的影响是显而易见的，当带宽不足以支持当前密度的预测输出速率时，将导致分类器的激活。此操作导致图中的输出速率明显降低。

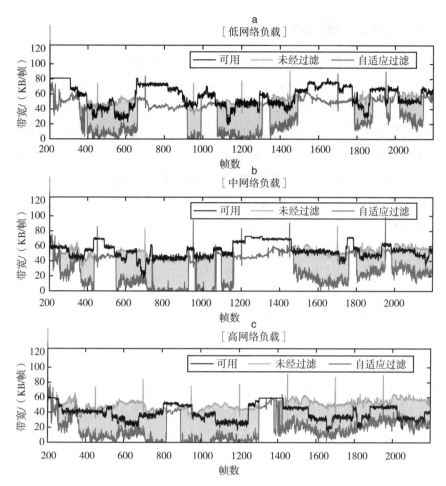

图 6.9　图 6.9 a 至图 6.9 c 分别是在低、中、高网络负载的
场景中，流式自适应过滤帧的带宽跟踪示例

注：黑线显示每种情况下终端设备可用的最大带宽，深灰线显示终端设备使用的实际带宽，
浅灰线显示传输未经过滤的流所需的带宽。

在边缘处理器的协助下，优化了能量和带宽权衡。在最简单的设置中，本地网络管理器报告的可用带宽可用作约束条件，它确定终端设备上分类器的激活和停用，以及使用的阶段数。这一决定由边缘辅助，边缘向终端设备报告当前对象密度——其仅在使用完整分类器时才能计算——以使能够预测与本地执行的阶段的数量相关联的未来的带宽和能量。需要注意的是，可以在线重新编程本地分类器，以适应随时间变化的应用程序目标。

6.3.2　内容感知无线网络

如上所述，高效的信息采集架构是城市物联网架构的关键组成部分。然而，由于现代通信基础设施的复杂性和异构性，将相关信息传输到边缘计算资源的操作很有挑战性。更重要的是，城市物联网流量将与传统应用和服务所产生的流量共享相同的网络资源。因此，城市物联网可用的通信资源可能随时间的推移而变化，并且在高峰时段是稀缺的。此外，这些数据流在共享相同信道资源的异构网络上的共存，将使物理层的干扰控制变得困难。因此，我们需要智能和自适应网络管理以及聚合技术来有效地解决这一问题。

通过设计生成特定的基于内容干扰模式的访问协议，可以减少信息流之间的相互干扰。我们的主要思想是使网络和传输协议了解正在传输的内容及其编码的结构属性。鉴于给定观察系统的当前状态，这大幅度地减少了相关信息的丢失。

最近的工作[10, 11]证明，信息中心技术在共存场景中的有效性，其中Wi-Fi、设备到设备（D2D）、通信和频分双工（FDD）、长期演进（LTE）和蜂窝通信在同一带宽上共存[12]。应用场景是城市监控，来自监控摄像头系统的视频数据流由实时边缘计算资源处理，实现目标监测和活动识别[13]。干扰可能会导致伪影，从而大大损害监测和跟踪物体的性能（图6.10）。

图6.10　在城市规模的视频处理中，空间和时间压缩引起的伪影会
严重影响监测和跟踪算法的性能

目前的标准规定了简单的技术来规范在非授权和授权频段的共存。例如，

Wi-Fi 和 LTE 的共存是通过实施"先听后发"机制来实现的，即当前者处于活动状态时，2 种技术中的一个会被优先考虑，迫使另一个处于空闲状态[14-17]。我们认为，需要更灵活的战略来支持城市物联网的运行，并促进实现与现有服务的共存。对于许可频段中的共存，最近的研究提出了在蜂窝基站中限制加干扰信噪比（SINR）的调度和控制策略[18-20]。然而，这些技术通常需要瞬时信道知识，并且当网络之间的协调不完善时，可能导致数据包丢失。我们的设计围绕着数据流中的效用概念展开，其中效用变量由云端、边缘和终端设备进行资源计算、交换和处理。边缘计算资源以及诸如基站和接入点的网络控制器的共置允许在它们之间建立直接的信息交换。然后，边缘处理向相关的网络控制器传达效用，后者基于当前网络状态确定所连接的终端设备的信道分配和传输策略。但是，这类协议的操作需要正在传输的内容和处理状态的信息。为此，应与网络发射器和资源管理单元共享内容和状态信息，以创建特定内容的干扰模式和资源分配。

根据第 3 代合作伙伴计划（3GPP）的近距离服务标准[21]，我们选择一种拓扑结构，其中终端主机在 LTE 的上行链路上将实时数据传输到互联网以进行计算和处理，2 个相邻的移动设备在通过互联网辅助的 D2D 通信相互连接。LTE 终端用户通过演进的 UMTS 陆地无线电接入网络（E-UTRAN），在上行链路上向边缘资源传输实时视频。LTE 基站（元素节点 B——eNodeB）调度器为数据传输分配资源块，并根据信道质量和干扰来调制和分配功率[22]。当 D2D 通信干扰 LTE 上行链路时，信道质量降低并且 LTE 接收器将更有可能无法解码数据包。注意，来自 D2D 链路的干扰可能影响用户设备（UE）的调制和传输功率。

视频压缩技术利用单个帧和视频中的空间和时间相似性。在最有效的压缩标准中，H.264 创建了由参考（I 帧）帧和差分（P 帧和 B 帧）帧组成的图像组（GoP）。参考帧传输整个图像，而差分帧则对与参考帧的差异进行编码。当编码帧由于空间压缩而被损坏时，会影响变换系数，这将导致解码图像的损坏。错误的空间传播可能产生被监测为对象的伪影或损害监测现有对象的算法的能力。如果一个参考帧损坏，则会影响整个 GoP。当一个差分帧损坏时，与丢失部分参考帧相比影响更小，因为可以使用参考帧来恢复后续帧中的关键特征。在所提出的框架中，我们使用基于帧类的简单的效用概念，边缘在处理前对视频流进行解压，并在参考帧或差分帧开始时向 eNodeB 发出信号。基于该信息和信道统计，eNodeB 确定 D2D 链路的传输概率。因此，本地网络中的通道访问是基于传输的数据和基于使用数据流的计算算法的反馈进行调节的。

图 6.11 显示了对象监测概率作为快速和慢速衰减信道的 D2D 链路吞吐量的函数，其中数据流来自停车场监控摄像头传输的视频。基于内容的传输概率方案（帧确定传输概率——FDTP）与 D2D 以固定概率（FP）传输的情况进行比较，在所考虑的情况下，视频传输消耗了整个 LTE 带宽，如果采用先听后发的方式，D2D 链路的使用会极其匮乏。这些线是通过改变传输概率得到的。为了获得可比较的对象监测性能，FDTP 方案为 D2D 链路提供了显著增加的数据吞吐量，从而实现了在相同资源上的共存。我们在［10］中的研究表明，在特定传输功率和概率区域中，以应用性能而不是 D2D 链路的吞吐量测量的共存效率最大。

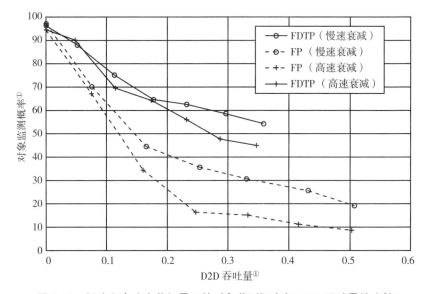

图 6.11　低速和高速衰落场景下的对象监测概率与 D2D 吞吐量的比较

6.3.3　信息可用性

虽然传感器本身可以利用所收集的数据来做出明智的决策，但边缘设备和云端可以从多个传感器和多个时间尺度访问更大的传感器数据池。因此，云

———————————
① 原著中未加单位。

端和边缘设备可以帮助做出单个传感器可能无法做出的智能决策。此外，由于云端在时间尺度上具有更大范围的信息，因此它可以理解交通模式和其他意外事件，如道路工程或事故，从而在交通监测场景中规划更有效的路径。

　　现有文献依赖于在云端或成千上万的服务器集群中聚集数据，这些服务器可以被索引，以实现结构化或非结构化数据查询。基于云端的模型大量用于网络搜索、广告、社交网络和照片存储库等应用程序，从而使用户能够查询数据或获取信息。这些模型主要依赖于分布式数据流系统和编程模型，如 Map-Reduce[23] 和 Spark[24]。传感器数据和视频数据在搜索时尤其具有挑战性，如现有的实时或事后分析视频资料的方法无法被扩展，而且容易出错。视觉管道必须由工程师手工布置，以便在云端执行，这需要他们专注于细节，例如如何并行化和以何种顺序执行模块等。类似地，现有的数据流系统（如 Spark）需要对用户定义的模块进行类似的制作，因为它们缺乏查询优化。支持即时查询，或对存储的视频进行事后分析，或扩展大量的摄像头，这些仍然是关键的开放性问题。

　　一篇研究论文提出了一个 Optasia[25] 系统，汇集了 2 个领域的进展：机器视觉和大数据分析系统。这种融合产生了一个多摄像头上的高效查询应答系统。该系统演示了一种模块化方法，用于构建视觉处理组件，如按颜色和类型对车辆进行分类、跨摄像头重新识别车辆、跟踪车道变化和识别车牌等。这种模块化的实现允许数据流系统进行重复化和并行化的处理过程。

　　为了解决扩展到一系列的临时查询和许多摄像头的挑战，Optasia 将问题转变为关系型并行数据流系统的应用，并将上述视觉模块放在一些明确定义的接口（处理器、缩减器和组合器）内。通过分解视觉分析任务，使得在城市范围内部署摄像头的查询工作变得高效和快速。每个视觉模块被表示为相应关系运算符（选择、投影、聚合和笛卡尔积）的组合。终端用户只需以修改的 SQL 形式声明对模块进行查询。然后，查询优化器重用优化规则，并将用户查询转换为适用于多个不同视觉模块的并行计划。这种组合的主要优点是：① 对终端用户来说易于使用；② 终端用户与视觉工程师之间的角色分离，视觉工程师可以忽略管道建设，只需关注特定模块的效率和准确性；③ 自动生成适当的云执行计划，这些计划会在不同的查询中去除类似的工作，并进行适当的并行化。

　　对一个大城市的交通视频进行复杂视觉查询的评估显示，Optasia 的准确度很高，相对于现有系统，其查询完成时间和资源使用量都提高了很多倍。

图 6.12 显示了对于停车库视频源上的单个查询，同时显示了 Optasia 的查询完成时间与没有查询优化的 Optasia 版本的比例，我们看到，通过查询优化，Optasia 大约快 3 倍。此外，随着数据集大小的增加，Optasia 的查询完成时间保持不变，这说明了查询优化正确地设置了并行度。巨大的收益来自视觉模块中的非重复工作（如生成梯度直方图特征等）。

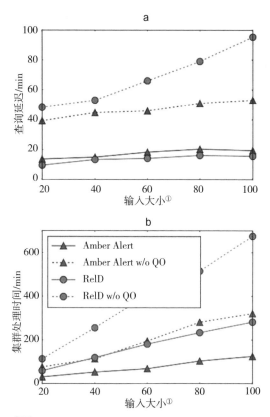

图 6.12　在 Optasia[25] 中，查询优化显著减少了 Amber Alert 和 ReID 的查询完成时间，因为每个查询的输入视频数量都在增加，此外，查询优化在处理时间方面确保了最有效的集群资源利用效率

在这个领域内必须解决一些挑战，以开发系统，并使城市规模的信息随时可用，且能实时回答查询。在我们提出的多尺度边缘架构中，除了分析传感器流，关键的挑战是需要搜索、识别异常和触发警报，并从多个边缘节点收集

---

① 原著中未加单位。

的数据中获取见解。为了能够有效地在大量分布式传感器上进行搜索，我们必须回答的关键问题是：① 我们如何在城市范围内表示环境中的不同空间区域？② 云端如何获得不同分辨率的区域信息？③ 间歇连接的传感器如何通过无线信道以抗损的方式传输这些区域的传感器信息？一种类似于图形群使用的压缩方法是使用 "Octree" 来压缩 3D 内容，尤其是用点云来表示 2D 空间网格。研究[26]表明，该方法可以扩展到收集和查询自动驾驶汽车收集的感官数据。另一种方法通过命名数据网络来命名信息对象，并使其易于被其他对象查询。

从众多传感器中获取见解时出现的另一个挑战是确保适当的访问控制机制，并在需要时尊重数据隐私。因此，保护隐私的计算技术，如安全多方计算[27]或差分隐私[28]，在各种来源的数据聚合中非常有用。

6.4　相关工作

已经提出几种在云端处理智慧城市数据的架构[4]。结合上述讨论的应用案例，在［29］中提出了一个自适应架构来发现分布式多摄像头系统的拓扑结构。米顿（Mitton）等人[5]为智慧城市中的分布式传感器系统提出了一种通用的基于云的总体架构。

边缘计算和雾计算技术被认为可以有效地减少对中央通信和计算基础设施产生的负荷[6, 7, 30, 31]。然而，到目前为止，所探索的解决方案仅关注数据处理，而不对提高效率和实现可持续技术所需的信息获取、表示和传输的解决方案进行深入分析。

另一项研究[32, 33]旨在通过在移动传感器和用于个人移动设备的云端之间划分计算任务来减少将数据上传到云端的延迟。Odessa[32]通过动态地将部分计算任务从移动设备卸载到云端来支持交互式感知应用。最近的一个系统Gabriel[33]以类似的基于云架构的增强现实应用为目标，其中云架构包括位于网络边缘的计算设备，目的是减少网络延迟。

微尺度传感器网络中的传感器选择[34]和网内压缩[35]已成为工作的重点。但是，我们认为这些方法并不直接适用于城市物联网场景。虽然这些研究提供了坚实的理论和系统设计基础，但涉及的多系统、多尺度城市物联网架构需要大量的概念和实践的进步。

6.5 结论

在本章中，我们基于之前的经验和实验结论提出了一种支持城市物联网运营的新型架构。其中一个主要贡献是，城市物联网的信息获取、网络和计算逻辑组件应该相互连接和联合运行，以使城市范围的应用成为可能。因此，所提出的架构基于智能的概念，该概念贯穿在城市物联网中运行的所有层和设备，并使用边缘计算作为关键元素，以连接传感器的局部精细时间尺度到更粗略的拓扑和时间操作。我们引入了情境、计算感知数据选择和压缩的概念，以最大限度地提高特定应用和处理任务的通信数据的效率。同时引入了内容感知网络协议的概念，该协议基于通过网络传输的数据的代表性和相关性来调整信道访问和传输。最后，我们认为所提出的分层架构将有助于信息搜索并提高其可用性。

6.6 参考文献

［1］ A. Zanella, N. Bui, A. Castellani, L. Vangelista, M. Zorzi, Internet of things for smart cities. IEEE Internet Things J. 1（1），22–32（2014）.

［2］ P. Neirotti, A.D. Marco, A. Cagliano, G. Mangano, F. Scorrano, Current trends in smart city initiatives: some stylised facts. Cities 38, 25–36（2014）.

［3］ M. Naphade, G. Banavar, C. Harrison, J. Paraszczak, R. Morris, Smarter cities and their innovation challenges. Computer 44（6），32–39（2011）.

［4］ M. Rahimi, J. Ren, C. Liu, A. Vasilakos, N. Venkatasubramanian, Mobile cloud computing: a survey, state of art and future directions. Mobile Netw. Appl. 19（2），133–143（2013）.

［5］ N. Mitton, S. Papavassiliou, A. Puliafito, K. Trivedi, Combining cloud and sensors in a smart city environment. EURASIP J. Wirel. Commun. Netw. 2012（1），1–10（2012）.

［6］M. Satyanarayanan, The emergence of edge computing. Computer 50（1），30–39（2017）.

［7］ Openfog reference architecture for fog computing, produced by the openfog consortium architecture working group.［Online］.Available: https://www.openfogconsortium.org/ra/.

［8］ T. Zhang, A. Chowdhery, V. Bahl, K. Jamieson, S. Banerjee, The design and implementation of a wireless video surveillance system, in *Proceedings of the 21st Annual International Conference on Mobile Computing and Networking*（ACM,New York, 2015），pp.426–438.

［9］ K.-D.Lee, M.Y.Nam, K.-Y.Chung, Y.-H.Lee, U.-G.Kang, Context and profile based cascade classifier for efficient people detection and safety care system. Multimed. Tools

Appl. 63（1）, 27–44（2013）.

［10］ S. Baidya, M. Levorato, Content-based cognitive interference control for city monitoring applications in the urban IoT. IEEE Globecom 2016,Dec4–8,Washington, DC, 2016.

［11］ S.Baidya,M.Levorato,Content-based interference management for video transmission in d2d communications underlaying LTE, in *IEEE ICNC 2017*, Jan 26–29, Silicon Valley, 2016.

［12］K.Doppler, M.Rinne, C.Wijting, C.B.Ribeiro, K.Hugl, Device-to-device communication as an underlay to LTE-advanced networks. IEEE Commun. Mag. 47（12）, 42–49 （2009）.

［13］ S. Hengstler, D. Prashanth, S. Fong, H. Aghajan, Mesheye: a hybrid-resolution smart camera motefor applications indistributed intelligent surveillance, in *Proceedings of the 6th International Conference on Information Processing in Sensor Networks*（ACM, New York, 2007）, pp.360–369.

［14］ J. Jeon, H. Niu, Q. Li, A. Papathanassiou, G. Wu, LTE with listen-before-talk in unlicensed spectrum, in *2015 IEEE International Conference on Communication Workshop*（ICCW）（IEEE, New York, 2015）, pp.2320–2324.

［15］ R. Ratasuk, N. Mangalvedhe, A. Ghosh, LTE in unlicensed spectrum using licensed-assisted access, in *2014 IEEE Globecom Workshops*（GC Workshops）（IEEE, New York, 2014）, pp.746–751.

［16］A.Mukherjee, J.-F.Cheng, S.Falahati, L.Falconetti, A.Furuskär, B.Godana, H.Koorapaty, D.Larsson, Y.Yang, et al. System architecture and coexistence evaluation of licensed-assisted access LTE with IEEE 802.11, in *2015 IEEE International Conference on Communication Workshop*（ICCW）（IEEE, New York, 2015）, pp. 2350–2355.

［17］ R.Ratasuk,M.A.Uusitalo,N.Mangalvedhe,A.Sorri,S.Iraji,C.Wijting,A.Ghosh, License-exempt LTE deployment in heterogeneous network, in *2012 International Symposium on Wireless Communication Systems*（ISWCS）（IEEE, New York, 2012）, pp.246–250.

［18］ P. Phunchongharn, E. Hossain, D. Kim, Resource allocation for device-to-device communications underlaying LTE-advanced networks. IEEE Wirel. Commun.20 （4）,91–100（2013）.

［19］ C.Yu,O.Tirkkonen,K.Doppler,C.Ribeiro, On the performance of device-to-device underlay communication with simple power control, in *IEEE 69th Vehicular Technology Conference*, pp. 1–5,2009.

［20］ Y. Wen-Bin, M. Souryal, D. Griffith, LTE uplink performance with interference from in-band device-to-device（D2D）communications, in *IEEE Wireless Communications and Networking Conference*, pp. 669–674, March 2015.

［21］ 3GPP TR 36.843 feasibility study on LTE device to device proximity services-radio aspects（2014）.

［22］ European Telecommunications Standards Institute, E-UTRA physical layer procedures,

Generation Partnership Project Technical Specification（3GPP TS）36.213, V.10, 2011.

［23］D. Jiang, B. Ooi, L. Shi, S. Wu, The performance of mapreduce: an in-depth study. Proc. VLDB Endow. 3（1）, 472–483（2010）.

［24］M. Armbrust et al., Spark SQL: relational data processing in spark. in *SIGMOD*（2015）.

［25］Y.Lu,A.Chowdhery,S.Kandula,Visflow:a relational platform for efficient large-scale video analytics, in *ACM Symposium on Cloud Computing*（*SoCC*）（ACM, New York 2016）.

［26］S. Kumar, L. Shi, N. Ahmed, S. Gil, D. Katabi, D. Rus, Carspeak: a content-centric network for autonomous driving. SIGCOMM Comput. Commun.Rev. 42（4）, 259–270（2012）［Online］. Available:http://doi.acm.org/10.1145/2377677.2377724.

［27］C.-T. Chu, J. Jung, Z. Liu, R. Mahajan, sTrack: secure tracking in community surveillance, in *Proceedings of the 22nd ACM International Conference on Multimedia*. MM'14,pp.837–840, 2014.

［28］C. Dwork, K. Kenthapadi, F. McSherry, I. Mironov, M. Naor, Our data, ourselves: privacy via distributed noise generation, in *Proceedings of the 24th Annual International Conference on the Theory and Applications of Cryptographic Techniques*. EUROCRYPT '06,2006.

［29］Y. Wen, X. Yang, Y. Xu, Cloud-computing-based framework for multi-camera topology inference in smart city sensing system, in *Proceedings of the 2010 ACM Multimedia Workshop on Mobile Cloud Media Computing*（ACM, New York, 2010）, pp.65–70.

［30］M. Satyanarayanan, P. Simoens, Y. Xiao, P. Pillai, Z. Chen, K. Ha, W. Hu, B. Amos, Edge analytics in the internet of things.IEEE Pervasive Comput.14（2）,24–31（2015）.

［31］F.Bonomi, R.Milito, J.Zhu, S.Addepalli, Fog computing and its role in the internet of things, in *Proceedings of the First Edition of the MCC Workshop on Mobile Cloud Computing*. MCC '12, pp. 13–16,2012.

［32］M.-R. Ra, A. Sheth, L. Mummert, P. Pillai, D. Wetherall, R. Govindan, Odessa: enabling interactive perception applications on mobile devices, in *Proceedings of the 9th International Conference on Mobile Systems, Applications, and Services*. MobiSys '11（ACM, New York, NY, 2011）, pp. 43–56.［Online］. Available: http://doi.acm.org/10.1145 / 1999995.2000000.

［33］K. Ha, Z. Chen, W. Hu, W. Richter, P. Pillai, M. Satyanarayanan, Towards wearable cognitive assistance, in *Proceedings of the 12th Annual International Conference on Mobile Systems, Applications, and Services*. MobiSys '14, 2014, pp.68–81.

［34］U.Mitra, B.Emken, S.Lee, M.Li, V. Rozgic, G.Thatte, H.Vathsangam, D.Zois, M. Annavaram, S. Narayanan et al., Knowme: a case study in wireless body area sensor network design. IEEE Commun. Mag. 50（5）, 116–125（2012）.

［35］G. Quer, R. Masiero, G. Pillonetto, M. Rossi, M. Zorzi, Sensing, compression, and recovery for WSNs: sparse signal modeling and monitoring framework. IEEE Trans. Wirel. Commun. 11（10）, 3447–3461（2012）.

第 4 部分

程序应用示例

第7章

雾计算中网络物理能源系统的控制即服务

科罗什·万坦帕瓦尔，穆罕默德·阿卜杜拉·法鲁克

7.1 电网和能源管理

电网是一种从供应商向消费者提供电力的网络。它由生产电力的发电站或发电厂、将电力从供应商输送到需求中心的输电线路和为电网中的个人客户与用户供电的配电线路组成。然而，现在的电网不仅由大型供应商和远程客户构成，还可以由不同级别的各种电气部件（如输电和配电）构成。在配电网中，可以存在一组分布式电能资源（存储和发电）和负载（设备和电器），它们能够独立操作（孤岛模式）或连接到主电网。这种本地化的分布式能源系统被称为微电网[1-3]。微电网的主要目的是确保社区的局部、稳定和可负载的能源安全。例如，除了军事设施、关键基础设施区域（如医院）、商业区和大学之外，微电网已在住宅区大量部署[4, 5]。消费型电动汽车、屋顶光伏系统、住宅规模储能和智能灵活电器构成了住宅微电网的驱动技术[6]。

电网中设备和客户数量的增长大大增加了对电能的需求。图 7.1 详细说明了各类事物的能耗占比。例如，美国约 41% 的能源消耗来自商业建筑和住宅[7]。大约 74% 的电力来自煤、天然气和其他化石燃料[8]。这将对全球变暖、空气质量恶化、石油泄漏和酸雨等环境条件产生巨大影响[9, 10]。因此，全球都在努力降低整体能源消耗并推动使用来源不同的可再生能源（如太阳能、风能和地热能）。例如，2020 年加利福尼亚州的所有电力零售供应商都约达到 33% 的合格可再生能源的目标[11]。此外，美国环境保护局正在规范特定国家的二氧化碳排放目标，2020 年将非水电可再生能源产能提高约 50%[12]。此外，降低建筑物和家庭的能源消耗可以大大降低总能耗。朝着这个方向，美国加利福尼

亚州能源委员会（CEC）计划 2020 年约达到零净能源（ZNE）建筑[13]。此外，美国能源部（DOE）正在开发技术，以提高新的和现有的住宅和商业建筑物的效率，从而减少国家能源消耗[14]。因此，为了在电力需求和供应之间保持平衡，并建造节能建筑和住宅，对能源管理的需求正在迅速增长。

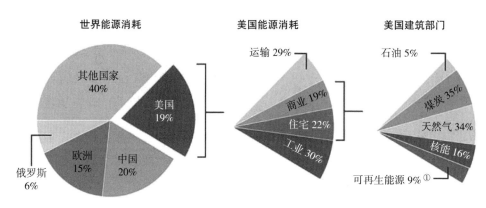

图 7.1　美国能耗占比图

公用事业部门利用各种方法来管理供应和需求，同时降低能耗。这些方法在电网的不同级别（如微电网）中实施，并可分为如下内容。

● 智能和节能设备控制：电网中的一些设备和电器变得足够智能，以至于它们能够感知其环境并对其控制输入做出最佳决策。这种设备级控制试图在向用户提供服务的同时降低设备的能量消耗。其中一些控制器是智能照明、智能加热/冷却、智能洗涤和智能电动汽车（EV）充电。在这些提到的控制器中，设备将根据有多少占用者和预测用户未来可能的需求量来运行和消耗能源。

● 利用可再生能源：可再生能源是实现环保的同时提供用户所需能源的替代能源。然而，可再生能源的使用伴随着其固有的挑战，包括间歇性、高成本和不可靠性等[15]。相关研究一直非常积极地提出应对这些挑战的想法[15]。因此，在这个层面上，通过各种能源管理技术可以帮助获得最大的可再生能源和效率。

● 电力需求管理：电网中的电力供需总是存在不平衡现象，这对公用事业来说造价昂贵且极具挑战性。通过引入诸如可再生能源和电动汽车充电站的

---

① 原著中可再生能源为 9%。

分布式能源系统变得更加重要。因此，公用事业受益于不同的方法来管理用户所需的能源。可以利用需求响应（DR）或直接负载控制（DLC）方法向客户发送信号，以使其减少能源消耗或将他们的能耗安排在另一个有更多供应的时间。另外，公用事业部门可以使用激励政策，在供应更多的情况下向消费者提供造价更低的电能。这种方法通常被称为分时（ToU）电价策略，在很多公共事业中十分常见[16-19]。

这些能源管理方法通常由公用事业部门或第三方电力公司根据客户的要求实施。大多数情况下，客户可能会支付月费和服务的安装费用，而好处是降低电费。

7.2　网络物理能源系统

传统的电网和能源管理方法无法处理不断增长的、分布式和不平衡的电力需求和供应。因此，从传统的、非交互式手动控制的电网到网络和物理系统的紧密集成已经发生了范式转变[3, 20, 21]。网络系统带来了计算、通信和控制——离散动力学的能力，而物理系统则定义了由物理定律——连续动力学支配的电流。利用这种网络和物理集成的智能电网称为网络物理能源系统（CPES）。CPES 为电网带来了多级监测和控制能力，以提高其可靠性、灵活性、效率和成本效益[22, 23]。多级能源管理还有利于解决分布式能源和动态电力负荷所带来的电网复杂性和挑战[10, 24, 25]。

监测、控制、计算和连接的能力是实施 CPES 多级能源管理平台的基本要求。系统的不同级别（如设备和微电网）可能存在多个传感器，分别负责监测指示系统状态的多个变量。所有感应到的数据都可能被传输并存储在控制器中。其作为能源管理的一部分，负责处理数据。传感器、执行器和控制器之间的连接性通过使用各种协议（如局域网、Wi-Fi 和 ZigBee）的有线或无线信道实现。

在 CPES 中实施能源管理也有其自身的挑战。实现该平台需要考虑各种重要的属性。其中之一是渗透到消费者市场的可能性和普通消费者对该平台的承受能力。影响这种渗透和可承受性的架构的主要要求是：①互操作性；②可扩展性；③易于部署；④开放式架构；⑤即插即用能力；⑥本地和远程监控[26, 27]。此外，在单个软件包中满足这些要求也应该具有成本效益。对于部署平台预算和空间有限的住宅中的消费者而言，这一点尤为重要。

家庭能源管理（HEM）作为 CPES 能源管理的一个例子，必须符合上述政策和规则。由于住宅和家庭中的 HEM 是拥有最多客户的市场，对平台的要求也变得更加严格。已有人提出不同的硬件、软件和通信架构，并将其在功耗、性能和其他因素方面进行了比较[28-33]。然而，包括计算设备、软件栈和通信设备在内的平台的实现成本和努力可能很高，从而阻碍了为普通住宅用户部署它的进程。Control4、霍尼韦尔国际公司和其他多家公司[34-37]正在为客户提供 HEM 平台，将现有住宅改造成智能家居。这些产品实现了各种功能，如温度控制、高效照明和智能设备管理。尽管硬件和软件架构可能无法处理越来越多的传感器和执行器以及它们的异构性，但所有这些功能都由单个设备提供。因此，平台的可扩展性、适应性和成本可能成为客户面临的问题。例如，这些产品限制了连接管理和处理的设备数量。因此，将产品扩展到更大的家庭可能会变得非常昂贵。此外，用户无法自定义定制他们需要的服务，他们必须购买全部服务。

总之，实施能源管理（尤其是多级管理）的平台设计，所面临的主要挑战如下。

● CPES 中有各种类型的设备，具有不同的用途和通信协议。因此，在具有高性能的能量管理平台中实现这些异构设备之间的互操作性和交互性极具挑战。

● 定制服务、使平台适应不同的应用，以及针对各种类型的建筑、住宅和区域进行扩展是该平台的重要特征。

● 实施能源管理平台、硬件和软件堆栈的成本会影响用户对平台的可负担能力，这决定了市场渗透的可能性。

7.3 物联网和雾计算

如 7.2 所述，能源管理系统平台应具备某些功能并满足特定要求。这些能够使平台经济实惠，普通客户能负担得起。

该平台的一些主要要求是连接性、互操作性以及本地 / 远程监视和控制。近年来，各种通信技术提供了所需的基础设施。此外，技术的进步以及集成低功耗和高性能电子设备使我们能够构建先进的嵌入式系统。此外，诸如传感器、执行器、网络适配器和开关等设备的成本减少和尺寸减小，为我们提供了建立复杂和低成本的能源管理系统的机会。因此，在动态和全球化网络平台中，它为智能和自动配置设备之间的连接带来了新的模式，即物联网（IoT）。物联网通过提供所需的连接性和互操作性，克服了物理世界与其在信息系统中的表现之间的差距[38-43]。

因此，物联网被视为能源管理系统、智能家居和智能电网等现代技术的潜在平台。物联网并非局限于 CPES 和能源管理，也可以适用于其他领域和应用。例如，车辆配备有许多传感器（如 GPS 定位和道路状况）和通信设备。这些设备用于提供动态移动通信系统，使用 V2V（车对车）、V2R（车对路）、V2H（车对人）和 V2S（车对传感器）的互动在车辆和公共网络之间进行通信。正如所有的物联网一样，互联互通和数据共享可以有效地指导管理系统（如能源管理）在不同规模和层次上对设备进行监测、监督和有效控制，而不需要人为干预。

物联网可能包含数十亿可以感知、通信、计算和执行的设备。尽管设备的数量在很大程度上取决于物联网运行的领域，如家庭或微电网，但多年来它正在迅速增长，甚至在家庭内部也是如此。例如，HEM 监测和控制家庭内的设备[38]，每一天都有更多的智能设备被添加到家庭中，这些设备能够连接到互联网并提供本地或远程控制的能力。设备的连接和添加为管理家庭和微电网的能源管理提供了更大的灵活性。

这些功能改变了传统和手动控制方式，使之向更多的网络集成控制转变。但是，需要注意的是，物联网中的传感器和设备会产生大量的数据。作为管理程序的一部分，这些数据可能会被管理、处理和分析[44]。存在各种存储和处理数据的方法，如集中/分布式或本地/远程。常用的最先进的方法是云计算，这是一种利用共享计算机处理资源的新方法。云计算和存储解决方案为用户和企业提供了各种功能，可以在远离用户（在世界各地）的数据中心进行存储和处理数据。它与物联网集成，以提供大数据处理所需的计算能力[34]。此外，云计算为客户提供基础设施、平台、软件和传感器网络服务[45-51]。供应商保证这些服务具有协议中规定的可靠性和性能，这对于能源管理平台而言至关重要。

云计算可能适用于没有延迟敏感操作的应用程序。但是，在某些应用中，响应时间和延迟是对延迟敏感设备的关键因素。必须满足时序要求才能进行适当和有效地操作（如能源管理）[52-54]。因此，物联网中的云计算可能缺乏所需的性能，尤其是当增加现有设备的数量时可能会加剧问题出现。

　　雾计算可能是当前解决此问题的最佳方案。如图 7.2 所示，云计算的范例被进一步移动到网络的边缘（边缘智能），并且更靠近设备。它为平台增加了一个中间层，为物联网提供了预处理数据的能力，同时满足了低延迟要求[39]。它使用多个边缘（邻近用户）设备来执行大量的存储、通信、控制和处理功能。雾计算具有其他一些优势，这些优势可以在能源管理等其他领域发挥如下作用[39]。

　　● 部署雾计算可以通过以每个客户需要的方式提供面向服务的架构（SOA），来帮助开发人员快速实现平台和应用构建。

　　● 开发人员可以使用自己的安全策略在本地分析敏感数据，避免向云端传输数据以提高隐私性。

　　● 通过在本地处理选定的部分数据来节省网络带宽，并通过降低传输速率来帮助云端，这可能会降低云端的运营和基础架构成本。

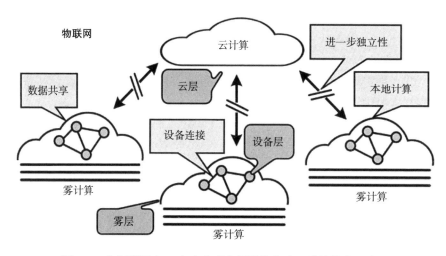

图 7.2　在物联网（IoT）中实现将雾计算作为云计算的中间件层

7.4　控制即服务

　　能源管理平台可用于任何类型的建筑和各种运营领域，如家庭或微电网。能源管理可以有多种用途：① 监测和计量每个设备的功耗，如家庭电力功耗；② 通过有效控制设备来管理能源消耗，如智能照明、电动汽车（EV）充电器[55, 56]、供暖、通风和空调（HVAC）管理等。能源管理平台是一个系统体系，与能源管理系统一样，无论系统规模如何，平台都应具有自适应性和可扩展性。它还应该为设备提供性能、互操作性和交互功能，以帮助其在适当的响应时间内传输和处理生成的数据。能源管理作为一种控制应用程序，可以利用雾计算平台提供所需的可扩展连接性和互操作性，以及位于网络边缘的低延迟计算能力。

　　然而，为了增加进入市场的机会，需要更具成本效益和可定制的设计，可以通过将控制功能设计为平台上的服务来实现。雾计算之上的 SOA 是实现"控制即服务"的关键。SOA 基础架构提供可扩展的硬件、软件和通信架构，可满足上述能源管理平台的所有要求。SOA 的基本原则独立于供应商、产品、基础架构和技术。一个服务是一个独立的功能单元，可以被远程访问、独立操作和更新，如不同级别的电网中的能源管理方式。SOA 旨在允许用户和开发人员将选择性功能组合在一起，形成单一的基于现有服务构建的应用程序。该平台包括硬件架构（7.4.1）、软件架构（7.4.2）、通信架构（7.4.3）和架构整合（7.4.4），以应用于 CPES。

7.4.1　硬件架构

　　能源管理平台的硬件包括多个设备，这取决于其操作领域，如家庭或微电网。这些设备可根据其功能分类如下。

　　（1）连接：这些设备提供现有设备和兼容设备之间的连接功能。电线、插座和天线被视为连接设备。连接的速度可以在延迟和带宽 2 方面定义平台的性能。

　　（2）网关：各种设备可以使用不同的标准和协议进行通信，如 ZigBee、蓝牙和以太网[57]。如果有需要，网关设备会在这些设备之间建立兼容的连接和接口。

　　（3）传感器：能源管理系统需要监测环境以及时应变，如天气、光线和能源价格等。传感器可以将环境产生的模拟信号数字化。传感器的采样率和精度由应用要求决定。

　　（4）执行器：能源管理系统可以根据环境变化配置多个设备，以便优化能源消耗等变量。这些可配置设备被认为是可以在本地或远程控制的执行器。执行器抽象为任何可控设备，无论是复杂的嵌入式系统（HVAC）还是简单的开关（灯）都可以。

　　（5）计算：在系统中存储、处理和分析数据的设备。它们还可以实现控制复杂的算法来配置执行设备。处理和存储功能由应用程序要求定义，这些要求可以与路由器的处理器一样小。

能源管理平台中存在的所有设备都被视为物联网网络中的连接节点。此外，为了执行单个功能，可以将多个设备或节点分组为一个子系统。例如，在HEM平台中，可以监视（感知）和控制（执行）多个智能设备（如HVAC），以便减少总能量消耗。处理所有监测和控制任务的基本计算设备称为HEM控制面板（路由器）。其主要工作是动态发现和监测平台中的不同设备，处理不同时间的灵活负载请求，并根据实现的算法相应地触发和命令设备，以优化变量。为了管理家庭的能源消耗，HEM平台可能需要检索关于家庭环境的信息。可以通过家中不同位置的多个传感器（如温度、湿度、光线等）来监测外界状况。此外，不同类型的传感器可以在单个设备上实现（如TelosB mote模块）。智能设备可能有一个在其内部实现的计算节点。该计算设备即设备控制面板，使用户或HEM控制面板能够以比HEM控制面板更低级别和包含更多细节配置设备或子系统（图7.3）。这种由雾支持的物联网平台可以进一步扩展，以实现更广泛、更复杂和异构的系统。

图7.3显示了雾计算平台中用于通信和计算的硬件架构，其可能存在多个具有处理能力的设备，这些设备可以在设备级别优化其本地决策。这些为雾计算平台提供了边缘智能。它们可以从主控制面板（HEM控制面板）检索全局（更高级别）信息，从而进行进一步的决策和调整。此外，如果设备或子系统能够直接与平台通信，则可以消除兼容接口所需的网关。

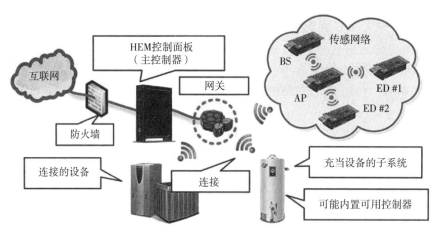

图7.3　家庭能源管理（HEM）的雾计算平台硬件架构的说明[10]

7.4.2　软件架构

计算节点利用控制器收集、存储、处理和分析数据并管理设备。这些计算设备可以像家庭中可用的路由器一样简单。有一些开源和用户可配置的路由器在 MIPS 处理器上运行 Linux[58]。开发人员可以利用这些路由器作为计算节点，轻松地对控制器进行编程，直接在路由器上编译和运行算法。

此外，传感器设备，如 TelosB mote 模块和 TinyOS 兼容[59]，TinyOS 是一种为低功耗无线传感器设计的开源操作系统（可在［60］中找到）。因此，用于监控、指挥传感器和从中接收数据的算法可以在传感器上轻松地进行动态编程。这种灵活性可以帮助开发人员根据他们的要求对传感器进行编程。换句话说，不同种类传感器（如温度、湿度和光线）的不同路由和发现算法可以在不同的场景中实现。因此，传感器也可以被视为用于本地决策和通信的计算节点。

每个子系统的控制面板通过预定义的协议在自己的网络中管理其设备。然而，连接在主网络的所有子系统和设备都需要遵循由 HEM 控制面板（如 ZigBee）定义的独特协议。因此，设备之间的通信是围绕设备网络服务（WS4D）的设备配置文件（DPWS）进行的。此外，它依赖于 SOAP-over-UDP、SOAP、WSDL 和 XML Schema。该协议栈可用于在异构平台中从设备向设备发送安全消息。开发人员可以使用［61］中提供的 WS4D-gSOAP 工具包来实现每个设备所需的服务。设备可以使用以下方式托管各种符合 DPWS 的服务。

（1）Web 服务寻址：为 Web 服务以及与传输无关的消息提供寻址机制。

（2）Web 服务发现：提供一种通过利用基于 IP 多播的协议使服务可被发现的方法。

（3）Web 服务元数据交换：定义不同的数据类型操作来接收元数据。

（4）Web 服务传输：用于传输元数据，与 HTTP 非常相似。

（5）Web 服务事件：描述允许 Web 服务订阅或接受订阅事件通知消息的协议。

由于 Web 服务与平台无关，因此使用 SOA，该平台可以持续添加新设备、发现设备及特定服务、设备之间同步及在它们之间传输结构化数据的灵活性。此外，在 HEM 平台中，用户所需的设备或控制器可以作为一种服务（CaaS）被添加和管理。这些设备将已经实现的功能传播到其他设备，尤其是主控制面板。因此，可能会在雾计算中调用这些功能。此外，为了在网络中的设备（如

HEM 控制面板）之间建立同步能力和互操作性，该设备可以托管"事件"Web
服务。通过这种方式，如果设备订阅了与其他设备有关的任何变化或事件，它
们将被通知。图 7.4 显示了如何在平台中实现和配置这些服务，以便提供设备
所需的通信和某些功能。

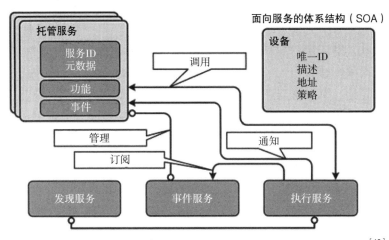

图 7.4　作为面向服务的体系结构（SOA）实现的软件体系结构的演示[10]

7.4.3　通信架构

平台中的设备可以进行通信，并可以使用现有的网络适配器和接口。部
署当前的通信基础设施是雾计算的主要因素之一，以便建立一个经济实惠的平
台。例如，HEM 平台中的家庭路由器根据其规格可以具有无线、以太网、蓝
牙、通用串行总线（USB）等。因此，它们可以用于设备之间的通信。由于主
网络应使用独特的协议（如 ZigBee），如果有必要，这些接口需要使用所需协
议的网关设备进行转换。

根据平台要求，可以部署一个大型传感器网络。例如，多个传感器节点
可以连接在一起以形成无线传感器网络，从而更好地监测环境。传感器设备
（如 TelosB mote 模块）可以使用基于标准的低功率无线技术——ZigBee 来相
互通信。此外，用于不同节点之间通信的标准可以是智能能源配置文件（SEP
2.0），这是用于 HEM 的基于 IP 的控制标准，并且得到这些设备的支持，但是
该配置文件尚未准备好（标准、协议栈和硬件）。此外，ZigBee 网络的灵活性

可以处理一个网络中的 65535 个设备。所有设备都使用唯一的标识（ID）号进行标记。这些 ID 在编程时被强制编码到传感器设备中，并且可以用于在同一网络中路由和传输数据。此外，这些服务还可帮助 HEM 控制面板发现通过即插即用添加的新设备。HEM 控制面板将验证并授权连接到 HEM 平台的新设备。

　　为了进一步扩展传感器网络支持的范围，可以使用 2 级分层网络。换句话说，一些传感器设备被编程为仅被感测，其被称为终端设备（ED），并可以被放置在房间的不同角落。然后，传感器节点可以被编程为接入点（AP）并连接到该房间中的所有终端设备。而且，在更高级别中，另一传感器设备可以充当基站（BS），连接到所有房间中的多个接入点。连接到每个基站的接入点的数量和连接到接入点的终端设备的数量是变量，根据建筑的结构和要求进行调整。基站在最后阶段直接或间接（使用网关）将从所有终端设备收集的所有数据发送到 HEM 控制面板。这里使用的网关是树莓派。传感器节点可以通过 ZigBee 标准的串行连接与树莓派通信，然后树莓派通过以太网连接到 HEM 控制面板。但是，如果路由器具有直接通过 ZigBee 进行通信的能力，或者路由器具有通过 USB 控制传感器模块的兼容驱动程序，则树莓派将被淘汰。图 7.5 演示了用于设备之间通信的协议和 Web 服务。

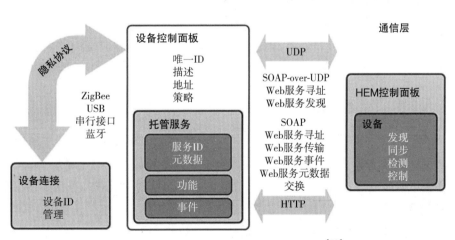

图 7.5　雾计算平台中使用的通信架构层[10]

　　此外，用户可以使用为每个设备的控制面板设计的网页与平台对接。HEM 控制面板界面在主路由器上设置。然而，其他设备的接口可以由设备的供应商提供。此外，可以利用异步 JavaScript 和 XML（AJAX）技术从设备检索信息和在网页上查看信息，并触发在控制面板上实现的不同功能和服务，以便进行处理数据。此外，将 HEM 控制面板连接到互联网，使用户能够通过互联网在本地或远程监控家庭。

7.4.4 架构整合

正如在本章前面所解释的那样，灵活性和低成本基础架构可帮助开发人员添加任何设备、传感器、执行器以及相应服务。这些功能和控制器在雾计算平台中使用 SOA 作为服务来实现。使用 WS4D 定义设备服务，以便能够与路由器通信，甚至可以在异构设备之间进行相互通信。另外，如果为特定应用程序而设计的子系统需要添加到平台，无论其自身的协议和架构如何，都需要与 HEM 平台中的协议栈兼容，或者可以通过使用网关设备兼容。因此，计算可以在靠近网络的设备上进行，甚至可以在传感器节点上进行本地决策。这种做法将避免把数据传输到云端进行计算的必要。此外，该平台也会在其他领域和应用程序中具有更强的扩展性和适应性。

7.5 住宅网络——物理能源系统

将 CaaS 在雾计算平台上的实现应用于 HEM 和微电网能源管理的 2 个原型，以展示其在不同领域的优势。

7.5.1 家庭能源管理

HEM 平台是针对家庭实施的，如图 7.6 所示。在家庭中，该平台采用了暖通空调、热水器和电动汽车充电器等多种智能设备。每个设备都由 HEM 控制面板进行监测和控制。此外，这些设备由自己的控制面板来监控其状态并设置其配置。在这一原型中，所有设备都是由软件建模的。但是，在实际实施中，设备的控制面板将由其供应商提供。

该住宅由 4 组传感器设备（TelosB mote 模块）组成的网络进行监控。传感器网络被定义为平台内的子系统，负责对住宅内外的温度、湿度和照明进行采样。此外，通过指定其 ID 号，传感器控制面板可以将用于启用 / 禁用传感器或设置配置的不同类型的命令（如传感器的采样率）发送到每个设备（图 7.7）。

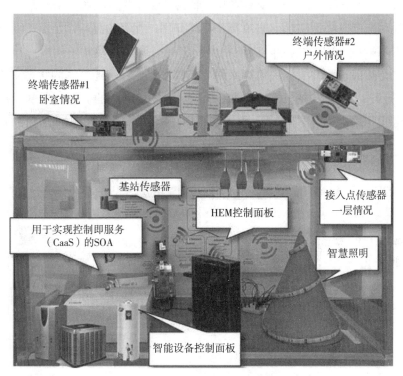

图 7.6　雾计算平台上 HEM 的原型演示[10]

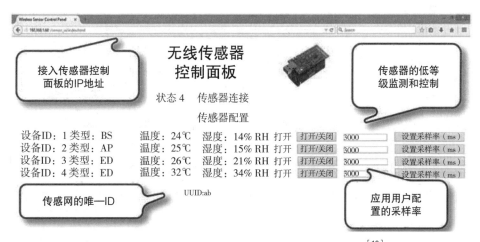

图 7.7　用于管理传感器配置的传感器网络控制面板[10]

在 HEM 平台中，一个暖通空调控制器已经作为一项服务被实现。控制器管理暖通空调以降低功耗。它负责收集诸如用户配置的温度设定点、变压器发送的需求响应（DR）信号、当前室温和暖通空调操作模式（如冷却器或加热器）之类的信息，并根据决策算法调节温度设定点和暖通空调的状态（如开或关）。打开 / 关闭暖通空调的阈值在一开始就是定义好的。控制器基于操作模式和房间与用户偏好之间的温差来关闭 / 打开暖通空调系统。调节后的暖通空调状态和温度设定点被发送到暖通空调（在设备层面），如图 7.8 所示。

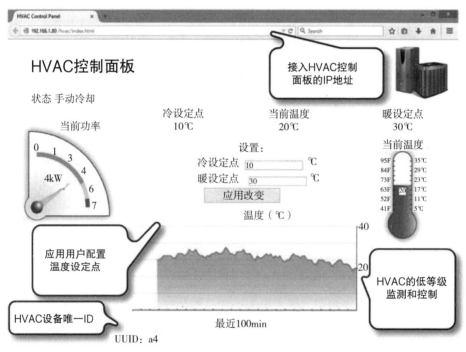

图 7.8　加热、通风、空调（HVAC）控制面板和监控 HVAC 电源[10]

电动汽车充电器控制器也已作为 HEM 平台中的服务被实现。控制器调度电池的充电时间以便在满足用户的离开时间的同时降低电力成本。控制器接收用户指定的出发时间、当前时间和当前的电池状态。然后，它会调整电动汽车充电率。控制器包括有关电价政策的信息。因此，控制器首先在非高峰时段安排充电过程。如果需要更多的能量，控制器将在高峰时段分配更多的充电。充电率是根据当前时间分配的。

　　在 HEM 中，能源管理系统中增加了传感器网络管理、高效照明、智能电动汽车充电和智能暖通空调控制等服务。每个服务的设备级控制器在 HEM 雾计算平台中单独实现。HEM 控制面板可查看连接到平台的当前设备。通过 HEM 平台，用户可以打开 / 关闭每个设备（图 7.10）。图 7.7 显示了用于管理家中传感器网络的用户界面。用户可以检查家中不同地方的温度和湿度。使用智能电动汽车充电，电动汽车充电器将有效地决定充电的时间和方式，使其在满足用户指定的出发时间的同时不违反功耗限制（图 7.9）。暖通空调消耗主要取决于用户调节的温度设定点。通过监测家中不同位置的温度并了解能源价格，暖通空调控制器可以有效地确定温度设定点（图 7.8）。该过程可以降低暖通空调的功耗，同时将家庭温度保持在限定的范围内。

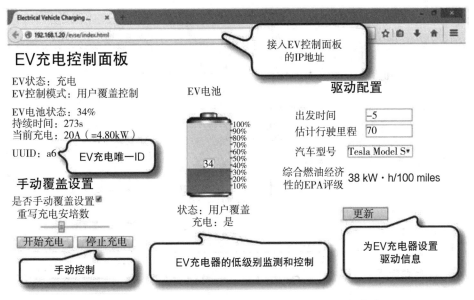

图 7.9　用于监测和控制蓄电池充电的 EV 控制面板[10]

注：1 mile ≈ 1.61 km。

　　虽然在此示例中，主控制面板负责监控变量并调整不同的温度设定点，但其操作过程可能会更复杂。HEM 控制面板可以实现复杂的监督控制和部署一个数据采集（SCADA）控制器，从而使 HEM 能够监测并共同优化所有设备的控制变量（图 7.10）。

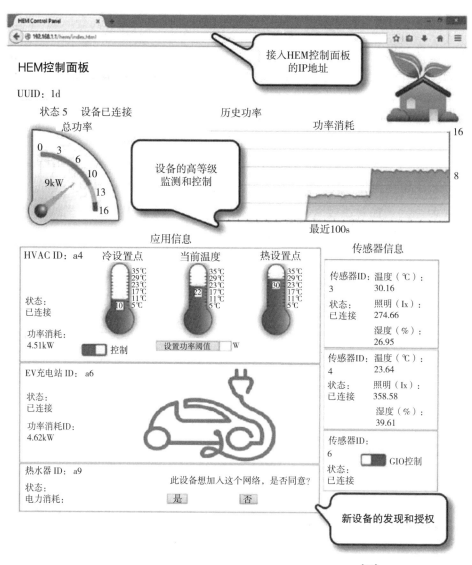

图 7.10　用于监控和控制智能设备的 HEM 控制面板[10]

7.5.2　微电网级能源管理

微电网级能源管理平台包含连接到同一变压器的 3 个家庭。控制面板可在变压器中监测和管理每个家庭的电力消耗。变压器级控制面板监控每个家庭的负载，并可决定向其 HEM 发送命令，以减少其电力消耗的特定值（DR）。降低功耗不仅可以防止变压器过载和过热，还可以提高其效率和使用寿命。变压器控制面板安装在路由器中。其他 3 个家庭及其模拟智能设备在其他 6 个路由器中实现（图 7.11）。

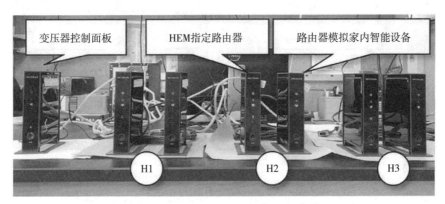

图 7.11　微电网级能源管理原型[10]

在微电网级能源管理平台中，变压器管理已作为服务被实现。控制器监测连接有变压器的家庭，以防止变压器过载。控制器接收所连接的住宅阵列和变压器上的电流负载的信息。控制器监测变压器是否过载。在过载的情况下，DR 信号被发送到电量超过阈值的家庭。该服务的控制器在微电网级雾计算平台中实现。图 7.12 显示了用于监测每个家庭功耗的用户界面。用户可以为各个家庭定义某个功率阈值。可以监测变压器的电流状况及其总负载。使用该信息，变压器将向违反阈值的家庭发送 DR 信号，以使他们减少能耗。此外，控制面板可以决定从哪里获得电源（图 7.12）。

为了演示和试验雾计算平台能源管理的特点，[24] 中将展示完整工作原型案例。这 2 种能源管理系统都通过使用已有的仪器实现经济高效的 SOA 雾计算，从而为一个经济实惠的平台提供了所需的功能。表 7.1 总结了用于提供这些功能的技术，如住宅电力电子系统工程研究中心（CPES）案例中的情况。

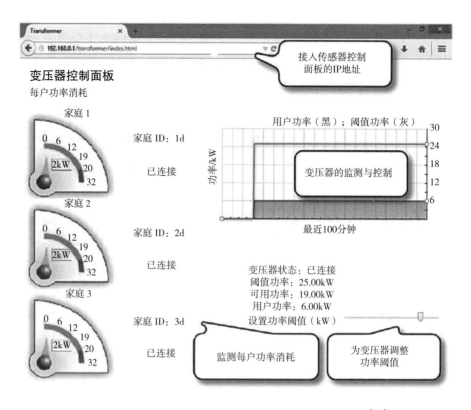

图 7.12　用于监控和控制家庭电力的变压器级控制面板[10]

表 7.1　能源管理平台的实现技术综述[10]

特点	使用的技术
互操作性	Web 服务寻址和 Web 服务传输使设备能够相互通信
可交互性	Web 服务事件和 Web 服务元数据交换允许设备定期相互同步
灵活性	用于实现任何应用程序或者添加新设备的开放硬件 / 软件
可扩展性	多个设备可以在共享网络中使用各自的唯一 ID 进行连接
易于部署	控制面板网页利用 HTML、AJAX、JavaScript 技术来提供友好的用户界面
开放式体系结构	采用树莓派作为网关,基于 Linux 的路由器,基于 Tiny OS 的 TelosB mote 传感器进行连接和计算
即插即用	UDP 上的 SOAP 用于发现和认证添加到网络中的新设备
本地 / 远程访问	连接到互联网的每个设备都指定了 IP 地址
抽象异构性	面向服务的体系结构用于提取硬件和通信的差异

7.6　参考文献

［1］Berkeley, Microgrids at Berkeley lab（2015）［Online］. Available:der.lbl.gov.

［2］M.A. Al Faruque, RAMP: impact of rule based aggregator business model for residential microgrid of prosumers including distributed energy resources, in *IEEE PES Innovative Smart Grid Technologies Conference（ISGT）*, pp. 1–6,2014.

［3］K.Vatanparvar, M.A.Al Faruque, Design space exploration for the profitability of a rule-based aggregator business model within a residential microgrid. IEEE Trans. Smart Grid （TSG）6（3）, 1167–1175（2015）.

［4］S.Shao, M.Pi pattanasomporn, S.Rahman, Challenges of PHEV penetration to the residential distribution network. IEEE Power and Energy Society General Meeting,2009.

［5］S.Shao,T.Zhang, M.Pipattanasomporn, S.Rahman, Impact of TOU rates on distribution load shapes in a smart grid with PHEV penetration, in *IEEE PES Transmission and Distribution Conference and Exposition: Smart Solutions for a Changing World*,2010.

［6］M. Jafari, Optimal energy management in community micro-grids, in *IEEE PES Innovative Smart Grid Technologies（ISGT）*, pp. 1–6,2012.

［7］Department of Energy（DOE）, Buildings energy data book（2014）buildingsdatabook. eren.doe. gov /Table View.aspx?table=1.1.3.

［8］U.S. Department of Energy Information Administration, Washington, DC. Electric power monthly. http://www.eia.gov/electricity/monthly/current_year/april2014.pdf. April, 2014.［June,2014］.

［9］B. Bolin, B. Doos, R. Warrick, J. Jaeger, *The Greenhouse Effect, Climatic Change, and Ecosystems, 29*［Wiley and Sons（SCOPE）, New York,1986］.

［10］M.A. Al Faruque, K. Vatanparvar, Energy management-as-a-service over fog computing platform. IEEE Internet Things J. 3（2）, 161–169（2016）.

［11］United States Environmental Protection Agency, Integrated energy policy report update （2004）. Internet: http://www.energy.ca.gov/reports/CEC-100-2004-006/CEC-100-2004-006CMF.PDF［June, 2014］.

［12］United States Environmental Protection Agency. Clean power plan. Internet: http:// www2. epa.gov/sites/production/files/2014-06/documents/20140602ria-clean-power-plan.pdf. June, 2014,［June,2014］.

［13］California Energy Emission, Building energy efficiency program.www.energy.ca.gov/ title24, 2014.

［14］Department of Energy, US Department of energy strategic plan. energy.gov/sites/prod/ files/ 2011_DOE_Strategic_Plan_.pdf,2014.

［15］S. Teleke, M.E. Baran, S. Bhattacharya, A.Q. Huang, Rule-based control of battery energy storage for dispatching intermittent renewable sources. IEEE Trans. Sustainable Energy 1（3）, 117–124（2010）.

［16］ P. Siano, Demand response and smart grids' A survey. Renew. Sust. Energ. Rev. 30, 461–478（2014）.

［17］ J.Aghaei, M.-I.Alizadeh, Demandresponse in smart electricity grids equipped with renewable energy sources: a review. Renew. Sust. Energ. Rev. 18, 64–72（2013）.

［18］ M.A. Al Faruque, L. Dalloro, S. Zhou, H. Ludwig, G. Lo, Managing residential-level EV charging using network-as-automation platform（NAP）technology, pp. 1–6,2012.

［19］ M. Pipattanasomporn, M. Kuzlu, S. Rahman, An algorithm for intelligent home energy management and demand response analysis.IEEE Trans.Smart Grid 3（4）,2166–2173（2012）.

［20］ M.A.Al Faruque,F.Ahourai,A model-based design of cyber-physical energy systems,in *Asia and South Pacific Design Automation Conference*（ASP-DAC）, pp. 97–104,2014.

［21］ DER Group at LBNL,"WebOpt".der.lbl.gov/News/3rd-release-distributed-energy-resources- der-web-optimization-tool-webopt,2014.

［22］ T.H. Morris, A.K. Srivastava et al., Engineering future cyber-physical energy systems: challenges, research needs, and roadmap, in *North American Power Symposium*（NAPS）, pp. 1–6, 2009.

［23］ S. Karnouskos, Cyber-physical systems in the SmartGrid, in *IEEE International Conference on Industrial Informatics*（INDIN）, pp. 20–23,2011.

［24］ K. Vatanparvar, M.A. Al Faruque, Demo abstract: energy management as a service over fog computing platform, in *ACM/IEEE International Conference on Cyber-Physical Systems*（ICCPS）, pp. 248–249,2015.

［25］ K. Vatanparvar, Q. Chau, M.A. Al Faruque, Home energy management as a service over networking platforms, in *IEEE PES Conference on Innovative Smart Grid Technologies*（ISGT）,2015.

［26］ U.S.Department of Energy Efficiency and Renewable Energy Golden Service Center. Financial Assistant Funding Opportunity Announcement. 28 March 2013. DE-FOA-0000822: "Turn key" open source software solutions for energy management of small to medium sized buildings（2014）.

［27］ F.Jammes, H.Smit, Service-oriente dparadigms in industrial automation. IEEE Trans. Ind.Inf.（2005）.doi:10.1109/TII.2005.844419.

［28］ P. Palensky, D. Dietrich, Demand side management: demand response, intelligent energy systems, and smart loads. IEEE Trans. Ind. Inf. 7, 381-388（2011）.

［29］ D.Bian, M.Kuzlu, M.Pipattanasomporn, S.Rahman, Assessment of communication technologies for a home energy management system, in *IEEE PES Innovative Smart Grid Technologies Conference*（ISGT）, pp. 1–5,2014.

［30］ M. Rahman, M. Kuzlu, M. Pipattanasomporn, S. Rahman, Architecture of web services interface for a home energy management system, in *IEEE PES Innovative Smart Grid Technologies Conference*（ISGT）, pp. 1–5,2014.

［31］D.-M.Han,J.-H.Lim,Design and implementation of smart home energy management systems based on ZigBee. IEEE Trans. Consum. Electron. 56, 1417–1425（2010）.

［32］Y.-S. Son, T. Pulkkinen, K.-D. Moon, C. Kim, Home energy management system based on power line communication.IEEE Trans.Consum.Electron.56,1380–1386（2010）.

［33］S. Katipamula, R.M. Underhill, J.K. Goddard, D. Taasevigen, M. Piette, J.Granderson, R.E. Brown, S.M. Lanzisera, T. Kuruganti, Small-and medium-sized commercial building monitoring and controls needs: a scoping study. Technical Report, Pacific Northwest National Laboratory（PNNL）, Richland, WA（2012）.

［34］X. Ye, J. Huang, A framework for cloud-based smart home, in *Proceedings of International Conference on Computer Science and Network Technology（ICCSNT）*, vol. 2, pp. 894–897, 2011.

［35］J. LaMarche, K. Cheney, S. Christian, K. Roth, Home energy management products & trends. Fraunhofer Center for Sustainable Energy Systems（2011）.

［36］C. Angulo, R. Téllez, Distributed intelligence for smart home appliances. Tendencias de la minería de datos en España. Red Española de Minería de Datos（2004）.

［37］M. Skubic, G. Alexander, M. Popescu, M. Rantz, J. Keller, A smart home application to eldercare:current status and lessons learned.Technol.Health Care 17（3）,183–201（2009）.

［38］S.Y. Chen, C.F. Lai, Y.M. Huang, Y.L. Jeng, Intelligent home-appliance recognition over IoT cloud network, in *9th International Wireless Communications and Mobile Computing Conference（IWCMC）*, pp. 639–643,2013.

［39］F. Bonomi, R. Milito, J. Zhu, S. Addepalli, Fog computing and its role in the internet of things,in *Proceedings of the First Edition of the MCC Workshop on Mobile Cloud Computing*, pp. 13–16,2012.

［40］A.-M.Rahmani,N.K.Thanigaivelan,T.N.Gia,J.Granados,B.Negash,P.Liljeberg,H. Tenhunen, Smart e-health gateway: bringing intelligence to internet-of-things based ubiquitous healthcare systems, in *IEEE Consumer Communications and Networking Conference（CCNC）*, pp. 826–834,2015.

［41］Z. Sheng, S. Yang, Y. Yu, A. Vasilakos, J. McCann, K. Leung, A survey on the IETF protocol suite for the internet of things: standards, challenges, and opportunities. IEEE Wirel.Commun. 20, 91–98（2013）.

［42］Z. Yan, P. Zhang, A.V. Vasilakos, A survey on trust management for Internet of Things. J. Netw. Comput. Appl. 42, 120–134（2014）.

［43］Q. Jing, A.V. Vasilakos, J. Wan, J. Lu, D. Qiu, Security of the Internet of Things: perspectives and challenges. Wirel. Netw. 20, 2481–2501（2014）.

［44］Zaslavsky, C. Perera, D. Georgakopoulos, Sensing as a service and big data, arXiv preprint arXiv:1301.0159（2013）.

［45］L.Wang, F.Zhang, J.A.Aroca, A.V. Vasilakos, K.Zheng, C.Hou, D.Li, Z.Liu, GreenDCN: a general framework for achieving energy efficiency in data center networks. IEEE J.Sel. Areas Commun. 32, 4–15（2014）.

［46］S. Patidar, D. Rane, P. Jain, A survey paper on cloud computing, in *Proceedings of 2nd International Conference on Advanced Computing and Communication Technologies (ACCT)*, pp. 394–398,2011.

［47］Q. Duan, Y. Yan, A.V. Vasilakos, A survey on service-oriented network virtualization toward convergence of networking and cloud computing. IEEE Trans. Netw. Serv. Manage. 9,373–392（2012）.

［48］M.R.Rahimi, N.Venkatasubramanian, A.V.Vasilakos ,MuSIC: mobility-aware optimal service allocationin mobile cloud computing, in *IEEE International Conference on Cloud Computing, CLOUD*, pp. 75–82,2013.

［49］G. Fortino, G. Di Fatta, M. Pathan, A.V. Vasilakos, Cloud-assisted body area networks: state- of-the-art and future challenges. Wirel. Netw. 20, 1925–1938（2014）.

［50］L. Wei, H. Zhu, Z. Cao, X. Dong, W. Jia, Y. Chen, A.V. Vasilakos, Security and privacy for storage and computation in cloud computing. Inf. Sci. 258, 371–386（2014）.

［51］Q.Z. Sheng, X. Qiao, A.V. Vasilakos, C. Szabo, S. Bourne, X. Xu, Web services composition: a decade's overview. Inf. Sci. 280, 218–238（2014）.

［52］Copie, T.-F. Fortis, V.I. Munteanu, Benchmarking cloud databases for the requirements of the internet of things, in *Information Technology Interfaces（ITI）*, pp. 77–82,2013.

［53］F. Xu, F. Liu, H. Jin, A.V. Vasilakos, Managing performance overhead of virtual machines in cloud computing:a survey, state of the art, and future directions.Proc.IEEE 102,11–31（2014）.

［54］L. Wang, F. Zhang, A.V. Vasilakos, C. Hou, Z. Liu, Joint virtual machine assignment and traffic engineering for green data center networks. ACM SIGMETRICS Perform. Eval. Rev. 41, 107–112（2014）.

［55］M.A. Al Faruque, L. Dalloro, S. Zhou, H. Ludwig, G. Lo, Managing residential-level EV charging using network-as-automation platform（NAP）technology, in *IEEE International Electric Vehicle Conference（IEVC）*,2012.

［56］M.A.Al Faruque, A.Canedo, Intelligent and collaborative embedded computing in automation engineering, in *Proceedings of the Conference on Design, Automation and Test in Europe*, pp. 344–345,2012.

［57］P. Baronti, P. Pillai, V.W. Chook, S. Chessa, A. Gotta, Y.F. Hu, Wireless sensor networks: a survey on the state of the art and the 802.15.4 and ZigBee standards. Comput. Commun. 30, 1655–1695（2007）.

［58］DD-WRT. Open source firmware for routers（2014）.dd-wrt.com/site/index.

［59］P.Levis,S.Madden,J.Polastre,R.Szewczyk,K.Whitehouse,A.Woo,D.Gay,J.Hill, M. Welsh, E. Brewer, D. Culler, TinyOS: an operating system for sensor networks, in *Ambient Intelligence（*Springer, Berlin, 2005）, pp. 115–148.

［60］TinyOS Open source operating system for low-power wireless devices. github.com/tinyos. 2014.

［61］Web services for devices "（WS4D）". ws4d.e-technik.uni-rostock.de.2014.

第8章
利用雾计算实现医疗保健物联网

贝海鲁·内加什，贾团阮，阿尔曼·安赞普尔，伊曼·阿兹米，江明哲，托米·韦斯特伦德，阿米尔·M.拉哈马尼，帕西·利尔耶贝格，汉努·特·胡恩特

8.1 引言

物联网（IoT）已然来到我们身边。从可穿戴健身追踪设备、智能家电到智能自动驾驶汽车[1, 2]，在日常生活中的很多方面都能感受到它的存在。通过提高物联网的渗透率和降低服务成本，医疗保健有望成为物联网改造的领域之一[3, 4]。物联网因无处不在的特性为不间断和可靠的远程监控提供了潜力，同时允许个人自由移动。商业化物联网设备的一些应用领域包括活动追踪、心率和卡路里摄入量监测。在专业医疗环境中，通过自动化患者监测来提高医疗保健服务的质量[5-7]。云可以帮助在家庭和医院之间实现一致的医疗保健系统[4, 8]。2020年以来，美国以医院为中心的医疗保健实践与相应的以家庭为基础的医疗保健实践即将达成平衡。预计将在未来十年打造以家庭为中心[9]的系统。为了支持这种转变和扩展，需要开发新的计算方法。

在物联网领域，将目前可用的零散的解决方案集成到一起，以实现全面的医疗保健，这是一个关键的需求，同时也是其潜力所在。这种集成允许可穿戴设备和可植入设备的数据与基于云的服务同步[10-12]。实现这种集成的重点是构架这种互操作性的体系结构。常见的方法是将传感器设备直接连接云服务。然而，由于终端用户设备、监测和执行设备受到资源限制，因此最广泛的方法是使用具有中间计算层的体系结构。这一中间层（也被称为雾计算或边缘计算）[13-17]为设备提供通用和域特定服务，以增强设备可用性、可靠性、

143

高效性和可扩展性等。

医疗保健的几个独特特征要求在基于物联网的健康监测系统中使用雾计算。第一，传感器设备（特别是许多可穿戴设备或可植入设备）的性质比许多其他领域更需要提高资源效率。第二，这些传感器所需的通信通常是流式传输，如心电图（ECG）信号收集需要每通道 4kbps 带宽的连续通信。第三，由于应用领域的关键性，传感器节点收集到的关键事件必须立即得到响应。整个系统要求极高的可靠性，需要实时识别生理信号的模式。此外，通过物联网设备在医疗监督下使患者有条件实现活动自由也是一项关键要求。这些功能主要可以由雾计算层中的服务实现。本章介绍了雾层提供的一些服务，重点关注医疗保健应用领域。总的来说，本章主要讨论以下几个方面的内容。

（1）描述医疗保健物联网系统的需求以及雾计算层解决这些需求的服务。

（2）介绍基于雾的医疗保健物联网的系统架构。

（3）通过概念验证的完整系统实现演示，展示了雾计算层服务的性能和优势。

8.2 雾层的医疗服务

雾计算层为物联网系统提供计算、网络、存储和其他领域特定服务。医疗保健领域的物联网应用需要满足一系列特殊要求，使其与其他物联网应用相区别。例如，医疗保健物联网的使用案例之一是远程监控，要求高度可靠。与其他领域不同，医疗保健的安全性和隐私性至关重要。本节重点介绍雾层可以提供的服务，重点关注医疗保健。雾层与传感器和执行器的体域网（BAN）的物理接近让我们能够满足医疗保健物联网的需求。物联网中的一些服务是互通的，可以在各种应用程序领域使用。图 8.1 展示了雾层服务的概括性视图，并将在接下来的各小节中单独讨论。

8.2.1 数据管理

数据管理在雾计算中具有重要作用，通过对感知数据进行本地处理，提取有意义的信息，用于用户反馈和通知以及系统计划调整。根据系统架构，雾层可在短时间内从传感器网络连续接收大量传感数据，因此雾层需要对传入的数据进行管理，以提供对于各种用户和系统状况的快速响应。这在医疗保健

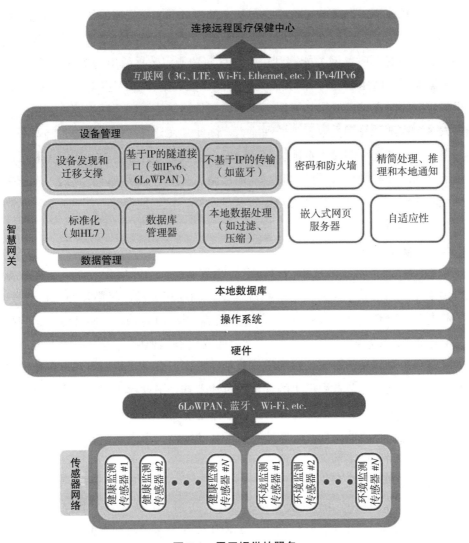

图 8.1　雾层提供的服务

服务中尤为重要，因为决策过程中的延迟和不确定性可能会对患者造成不可逆转的伤害。根据数据管理任务的不同功能，我们将其分为 5 个不同的单元进行介绍，所有单元在智能电子医疗网关中都是必不可少的。这些单元分别是本地存储、数据过滤、数据压缩、数据融合和数据分析。

8.2.1.1　本地存储

网关需要将来自多个源的接收数据存储在本地存储中，以便能够在不久的将来分析使用。网关的操作系统包括文件服务器和数据库，用来存储和恢复数据。网关中的本地存储可根据数据的类型、大小和重要性来加密或压缩格式存储文件。必要时，网关能够利用本地存储功能将数据导出为医疗标准格式，如健康等级 7（HL7）[18]。网关的其他功能（如数据分析、压缩、过滤和加密）也依赖于临时存储。云层和雾层之间的数据传输速度受限于网络速度，网关中的大多数本地计算都受限于其处理能力。因此，在计算时间和传输时间不平衡的情况下，本地存储充当本地缓存存储器以使数据流连续传输。当网关和云服务器之间的互联网连接不可用时，本地存储也有助于保存数据。当云再次连接到互联网时，网关会将保存的数据发送到云端。该本地存储在图 8.1 中展示为数据库管理器。

8.2.1.2　数据过滤

数据过滤是第一个从传感器网络接收数据后在边缘实现过滤方法的数据处理单元。为了获取患者的医疗状况信息，利用相关探针收集各种生物信号，如心电图（ECG）、肌电图（EMG）和血管容积图（PPG）。这些信号通常包括具有小振幅（即毫伏）的复杂形状，因此易受健康监测期间的一些不可避免的噪声和失真因素的影响。这些噪声包括热噪声、电磁干扰噪声和电极接触噪声。在一些传感器节点中可用的轻量级过滤器减少了这些累积的噪声，尽管在实际情况下可能不够。因此，雾层中的数据过滤单元能够在其他本地数据分析之前使用各种滤波器（如有限脉冲响应 FIR 滤波器）来去除噪声并提高信号的各个方面（如信噪比）。

8.2.1.3　数据压缩

为了减少通信网络上的大量传输数据，可以通过无损或有损压缩方法压缩数据。在医疗保健物联网应用中，无损压缩在大多数情况下更为可取，因为数据丢失会导致错误的疾病诊断。虽然无损压缩算法可以准确地恢复原始数据，但往往实现起来很复杂。除此之外，该方法不适用于传感器节点，因为其在电池容量、计算和存储容量方面会受资源限制。例如，无损心电图压缩方法[19-21]在许多类型的传感器中都无法运行。在某些情况下，无损算法虽然可以在传感器节点上成功运行，但会导致大量的电量消耗和延迟。而雾计算可以通过将传感器节点的所有负担转移到网关，从而避免传感器受到限制，网关在满足实时要求的同时还能够有效地处理这些负担。

8.2.1.4　数据融合

数据融合是用于整合多源传感数据的数据处理单元，利用数据融合可以获得更强大的数据和有意义的信息。该处理单元通过去除冗余数据和替换新信息，有效地减少了传感数据量。因此，这种数据减少改善了本地数据分析和向远程服务器的数据传输。

数据融合可分为互补型、竞争型和合作型 3 类[22]。第一，互补型数据融合组合来自不同源的（至少）2 组数据，以在雾层中获得更全面的信息。例如，将患者健康参数与周围环境数据结合，提供了关于患者状况的更多数据。第二，竞争型数据融合通过将从一个源收集的数据与（至少）2 个传感器集成，从而提高数据质量和系统决策。例如，可以使用来自心电图信号的值和来自呼吸信号的值来提取更稳健的心率值。第三，合作型数据融合利用不同的传感器从一个源提取新信息。使用生命体征数据（如心率和呼吸率）确定患者的医疗状态是合作型数据融合的一个典型的案例。

8.2.1.5　数据分析

边缘的数据分析单元使医疗保健系统能够在本地处理传感数据。该单元通过减缓响应延迟和向云服务器传输数据来提高系统性能。例如，在患者病情恶化的情况下，由于数据是在本地处理的，而不是传输到云端等待适当的响应，因此紧急事件就可以提前监测到并得到有效解决。

此外，数据分析单元还提高了数据可靠性和系统一致性。在长期的远程健康监测中，连接丢失和数据传输的带宽有限是不可避免的事件，因为患者可能在不同的环境中从事各种活动。因此，边缘处的数据分析可以利用在本地管理系统的功能，将感知数据以及计算结果存储在本地存储中，待到重新连接到网络后再进行雾层与远程云的同步。

8.2.2　事件管理

在患者监护期间可能会发生一些重要事件，如患者的生命体征、活动或环境的变化。每个事件都会触发网关中的特定操作，或者在个性化系统中切换到学习行为。雾计算提供低延迟通信，有助于在发生严重事件时非常快速地通知健康专家、护理人员，甚至患者。在这种情况下，当需要以医疗行动或自动系统驱动的形式立即响应时，事件管理服务能够确保及时且准确的信号传递。执行器的实时和快速反应在一些医疗事件中非常重要，如根据心率改变神经刺激的频率或根据血糖水平调整自动胰岛素泵。其他紧急事件也可能发生，也需要及时通知快速反应小组、护理人员或患者家属。

8.2.3 资源效率

在医疗保健物联网应用中，资源效率是最重要的需求之一，因为资源管理失败会导致严重的后果，从传感器节点的故障到不精确的疾病诊断，特别是传感器能量消耗和客户终端数据收集的延迟情况。

8.2.3.1 节点能效

健康监测系统中的传感器节点通常很小且资源受限，如电池容量小。但传感器节点却必须能够在适当的时间内连续工作，如连续工作一整天甚至好几天。为了满足这些要求，传感器节点必须在节约功耗方面高效地运行。该需求可以通过使用基于软硬件技术的若干方法来实现。例如，传感器节点的硬件应该被设计用于针对特殊目的而非一般性工作。这种方法通过避免未使用组件或高功耗组件所带来的额外功耗。然而，设计节能节点比定制在节点上运行的软件更具挑战性。尤其是软件必须能够执行传感器节点的主要任务，而且必须极其简单以减少操作时间。例如，基于物联网的跌倒监测系统中的传感器节点仅收集数字数据，并将数据传输到运行复杂跌倒监测算法的雾层[23]。因此，该方法可以显著降低传感器节点的功耗。在另一个例子中，一些方法[24, 25]显示，当在雾层而不是传感器节点运行心电图特征提取时，传感器节点的能源效率很高。

8.2.3.2 延迟

延迟技术在健康监测应用中至关重要，因为它可能导致不适当的疾病分析和决策延迟。基于物联网的应用程序中的延迟来自数据的处理和传输，如通过网关从传感器节点向终端用户传输延迟，云、传感器节点和网关处理的延迟。在许多情况下，传输延迟和处理延迟通常处于权衡关系。但是，处理数据并不总能保证减少总延迟。在某些情况下，数据处理甚至会增加总延迟。为了减少总延迟并满足实时健康监测的时间要求，必须对特定的传感器节点和应用程序应用独特的方法。在其他情况下，用于消除噪声和无效数据的简单过滤方法可以帮助减少大量数据传输以及总延迟。例如，在心电图特征提取应用程序中，特征提取算法必须在雾而不是传感器节点运行，以减少总延迟[25]。

8.2.4　设备管理

设备管理包含物联网基础设施的许多领域。下面重点从设备发现和移动期间维持连接的角度来看设备管理。

8.2.4.1　发现和迁移

之前的章节已经简要地提到了传感器和执行器网络中设备受到的资源限制。对于电池供电设备来说，电池的使用寿命至关重要，因此需要合理管理。设备在空闲时应以可控方式进入睡眠状态。当设备处于睡眠状态时发生的任何通信都需要在雾层进行处理。在医疗保健系统中，佩戴医疗传感器的患者从一个位置移动到另一个位置时，会改变处理通信的相应网关。这意味着一个睡眠中的传感器可以在不同网关附近被激活，即当进入睡眠模式时可以被连接到另一个网关。设备查找服务可以帮助那些需要连接到睡眠传感器节点的其他设备来找到睡眠传感器节点，并处理正常睡眠周期。这项服务的详细功能在［26］中有详细解释。

为了让患者能够自由活动且不消耗大量珍贵的医疗资源，雾层服务将本地保留的信息从一个网关切换到另一个网关。一旦在新位置发现设备，就进行切换，以在新地点进行无缝监视。这些服务和雾计算的其他服务一样可以应用于其他领域。

8.2.4.2　互操作性

物联网由异构的通信协议、平台和数据格式组成。建立不同组件之间的一致性需要进行标准化处理。当前的应用程序为垂直细分，需要进行弥合，以便于创建整体医疗保健应用程序。传统上，由于大多数终端设备受资源限制，实现互操作性变得极具挑战。雾计算层在提供服务方面发挥着重要作用，这些服务利用该层与终端设备的接近性，从而简化互操作性。这些服务充当不同通信协议、数据格式和平台之间的适配器。初步的工作也可以在雾层完成，以便在云端提供语义上的互操作性，使通过传感器收集的数据具有意义。

8.2.5　个性化

系统行为可以事先或在运行时为雾计算的不同应用进行配置。然而，这用于医疗保健场景是不够的，因为不同用户的医疗条件不同，并在不同的环境中从事不同的活动。因此，需要对系统进行动态规划，不仅要求针对不同用户设计个性化系统行为，还要随着时间的推移自适应地调整系统，在紧急情况下尤其如此。在这方面，它改善了健康应用（如本地决策），以及优化了系统性能（如能量效率）。

使用基于规则的技术和机器学习算法可以为各种健康应用定义个性化系统行为。为此，对系统参数（如传感器采样率和数据传输率）可以定义不同的优先级和模式，并且根据患者状况选择适当的值。此外，考虑到患者的病史，优先级变得个性化。一个简单的例子，如果在监测期间监测到患者心力衰竭，则系统会增加心脏相关参数的优先级。

8.2.6　隐私和安全

一般来说，安全性对于所有应用程序都至关重要，在医疗保健中更是如此，因为系统中一个小小的安全疏漏就可能危及人的生命。例如，据报道，物联网葡萄糖管理系统中的胰岛素泵可以在100英尺①范围内被黑客攻击[27]。为了提供安全的物联网医疗保健系统，必须认真考虑包括传感器节点、网关、雾和云在内的整个系统。如果其中一个设备或组件被黑客入侵，则黑客就可以控制或操纵整个系统。例如，诸如 AES-128 或 CMAC-AES-128 等几种方法可以分别应用于传感器节点和网关以进行数据加密和解密。在网关上，Linux 提供的 IPtable 可用于配置 IP 表，为特定通信端口授予权限[28]。虽然这些方法可以提高安全级别，但并不是保护整个系统的可靠方法。另一方面，文献［29–31］中的其他方法可以提供高水平的安全性。然而，它们不能应用于物联网系统，因为其复杂的加密算法不适合资源有限的传感器节点。为了解决物联网医疗保健系统中的安全问题，Rahimi 等人[32, 33]提出了端到端的安全框架。该框架可以为医疗保健物联网系统提供有效的身份验证和授权，而主要部分由几个复杂的安全算法组成，并运行在雾层。

8.3　医疗保健物联网系统体系架构

一个系统的架构可以提供有关组件、交互和各部分组织的信息。它是实现扩展和性能的关键元素之一。此外，它的设计是为了满足应用领域的功能需

---

① 1 英尺 =0.3048 米。

求。在限制系统架构设计的非功能性需求中，很少有可扩展性、可用性和性能需求。其中一个严峻的挑战是大量设备需要连接到互联网上，而连接大量设备会导致可用资源（如带宽和计算能力）被更多节点共享，从而导致质量和性能下降。然而，应用程序领域的关键性使得这种降级的基础设施是不可接受的。此外，很大一部分此类设备受资源限制。资源短缺给架构设计带来了更多的约束。

在终端设备和云之间引入雾计算层，有助于向基于物联网的系统转变，从而缓解上述挑战。雾层可用于提供各种服务以支持资源受限的节点[13]。在医疗保健物联网应用程序中，架构概述如图 8.2 所示，其中资源受限的节点可以是可穿戴或可植入的传感器和执行器。患者可以在家或在医院，传感器将他们读取的生理信号的值发送到雾层中的本地网关。雾层具有处理数据、事件、设备和网络的本地服务。在医疗保健场景中，该架构由每层中的以下 3 个主要部分组成。

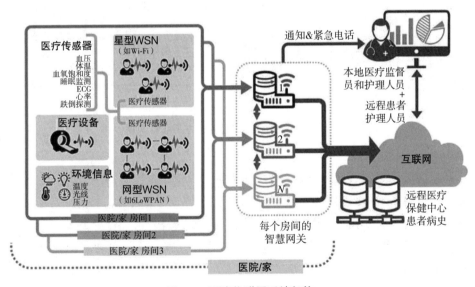

图 8.2　医疗物联网系统架构

（1）医疗传感器和执行器：主要通过低功率无线通信协议连接，用于识别受试者、读取生理信号并响应来自雾层的命令而做出响应。

（2）智能电子医疗网关：分布式网关网络形成雾层，服务于底层传感器和执行器网络。通常具有多个接口，使其能够与不同的协议进行通信。提供各种服务，并充当通往云的桥梁。这是本章的重点。

（3）云平台：数据保存的后端系统，相关人员可以通过 Web 或移动界面访问系统。它是与其他系统（如医院信息系统和患者健康记录）的接口点。

8.4 案例研究、试验和评估

前面对雾计算理论方面进行了讨论，并强调了其在医疗保健物联网系统中的优势。在本节中，我们将详细的讨论实施过程和试验（图 8.3）。

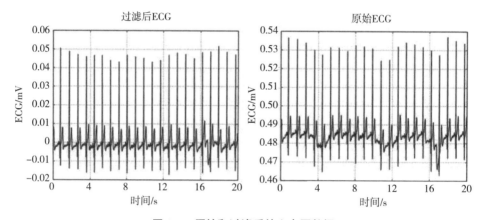

图 8.3 原始和过滤后的心电图数据

系统的架构由 3 层组成，如图 8.4 所示。第 1 层是传感器网络，包含 3 组传感器：第 1 组是医疗传感器，用于记录生命体征（如心率、呼吸率、体温、血压、血氧饱和度和心电图）；第 2 组是环境传感器，用于分析患者所处环境（如光线、温度和湿度）；第 3 组是活动传感器，用于监测患者身体移动、姿态和步数。

雾计算发生在第 2 层，其中一个网关网络通过蓝牙和 Wi-Fi 无线通信从传感器节点收集数据。蓝牙服务和 Node.js UDP 服务器接收并将数据存储在每个传感器和每个患者的单独文件中。Apache 服务器在后台运行服务，调用 Python 脚本以从本地文件读取和处理数据。由于数据是从具有不同属性的多个数据源收集的，因此网关会对数据进行调整。该调整包括处理不同的通信协议（在

UDP 服务器脚本中）并统一采样率，从每天 5 个样本的步数到 250 个 / s 样本的心电图（通过 Python 脚本）。Python 脚本还负责数据初步分析，以便在云层进行深入分析之前监测出异常情况。该服务首先使用带有有限脉冲响应（FIR）的带通滤波器（0.51 ~ 100Hz）来降低心电图的信号噪声。然后利用 RR 间隔计算心率。原始和过滤后的心电图信号如图 8.3 所示。

环境温度、光线、压力
血压
心率
ECG
活动传感器
体温、血氧饱和度
传感器网络

数据处理
本地通知
协议转换
数据过滤与挖掘
网关

· 数据存储
· 数据分析
· 作出决策
· 医护人员接口
云数据中心

图 8.4　医疗物联网系统架构

数据融合在雾层中的传感数据上实现。在这种情况下，使用 2 个不同的设备从用户那里获得 2 个心率信号。如图 8.5 所示，由于噪声和测量误差的影响，2 个设备的心率值可能不完全相同。在我们的方法中，首先从数据中去除异常值和超出范围的心率值（如零值）。这些异常值主要是因为监测过程中探针连接松动造成的。其次，我们对 2 个心率值实施加权平均，以提高信噪比。图 8.5 中的折线表示计算出的心率。在计算中，平均权重是根据数据表中提到的传感器精度定义的。

除了对上述数据进行处理外，我们还在雾层中实现了数据压缩。在将数据传输到远程云之前，数据被压缩并存储在雾层的本地存储中，以便在互联网连接中断的情况下提供备份。在本案例研究中，利用 tar 方法为传感数据创建临时文件，然后使用 tar.gz 的方式压缩文件，同时将文件大小增加到某个值，我们将此值设置为 500 KB。压缩率和文件大小之间的关系如表 8.4 所示。在较大的文件中，压缩率较高，尽管对于大于 500 KB 的文件而言，这种改进无关紧要。

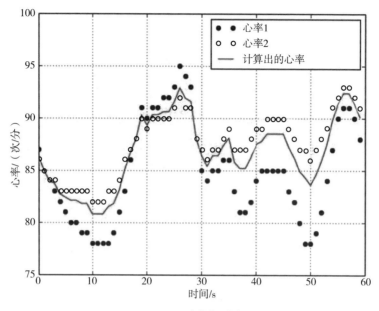

图 8.5　心率数据融合

为了提高数据安全性，在雾层中实现了使用 Python 中的 Crypto 库[34] 的非对称加密方法。使用此方法，压缩数据在雾层中用公钥加密，并由云中的数据收集器服务用私钥解密。

雾层中还有一个本地存储服务，它由 1 个存储文件的文件服务器和 1 个用于保存文件索引和属性的 MySQL 数据库组成。本案例研究的一个目标是将数据存储在云中，并充分利用服务器的可用处理能力。

当雾层网关在互联网连接可用时，雾层中的网关将收集的数据传输到云服务器。当雾层网关在互联网连接不可用时，雾层中的网关会在数据库中标记未发送的文件，并在重新建立互联网连接后尝试重新传输。本地存储服务定期将数据库与云服务器同步，并从网关存储和数据库中删除过期和重复的文件。

系统架构中的第 3 层是云服务器，负责从雾层接收数据，并对数据进行处理和存储。云服务器利用存储的数据和患者的历史数据来分析患者的健康状态。创建护理人员界面，以实时发送警报、报告和绘制生命体征以及其他感官数据。图 8.6 显示了由 HTML5 WebSocket 开发的基于网络的用户界面。云服务器还通过移动应用程序为患者和护理人员提供信息和通知服务。

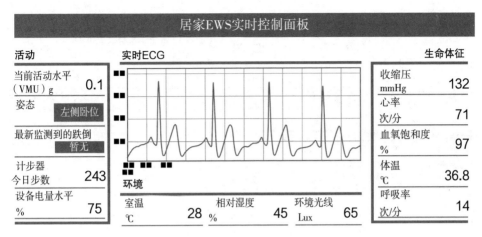

图 8.6　实时控制面板界面

8.4.1　性能考核

　　整个系统包括传感器节点、雾、云智能网关和客户端后端部分。传感器节点能够收集生物信号，如心电图、肌电图和环境数据（即温度和湿度）。传感器节点由医疗传感器、微控制器和无线通信集成电路组合而成。为了评估网关的互操作性，我们使用了几种类型的传感器节点，如蓝牙节点、无线局域网（Wi-Fi）节点和 6LoWPAN 节点。根据特定的无线通信协议，这些节点会形成网状或星形网络。具体而言，蓝牙节点包括蓝牙经典和蓝牙低功耗（BLE），是通过将低成本 HC-05 和 BLE 集成电路分别集成到微控制器（即 ATMEGA128、ATMEGA328P 和 ARM Cortex M3）中来创建的。同样，Wi-Fi 节点通过使用相同的微控制器和低成本 ESP8266 板构建，支持高速 Wi-Fi 通信，而 6LoWPAN 节点则由 CC2538 模块构建。为了收集数据，这些节点通过 SPI、I2C 或 UART 与多个传感器连接。例如，为了收集心电图和肌电图信号，这些设备与模拟前端设备（即 TI ADS1292[35] 和 TI ADS1298[36]）相连。为了有效地管理传感器节点的资源（即功耗和硬件分布），在传感器节点中安装了嵌入式操作系统。例如，RTX、FreeRTOS 和 Contiki 分别被用于 Wi-Fi、蓝牙和 6LoWPAN 节点[37-39]。表 8.1 和表 8.2 给出了传输速率为 8.7 kbps 时传感器节点的规格和功耗。

表 8.1 传感器节点和 UT-GATE 硬件规范

设备	微控制器	闪存 /KB	内存 /KB	电可擦除只读存储器 /KB	时钟 /MHz	电压 /V
Zigduino R2	ATMega 128	128	16	4	16	3.3
Arduino Uno R3	ATMega 328P	32	2	1	16	5
Arduino Mega	ATMega 1280	128	8	4	16	5
Arduino Due	ARM CortexM3	512	86	—	84	3.3
Zolertia Z1	MSP430	92	8	—	16	3.3
TI–CC2538	ARM Cortex M3	≤ 512	32	—	32	3.3
Pandaboard	Dual–core ARM Cortex-A9	≤ 32000	1000	—	1200	5

表 8.2 传输速率为 8.7kbps 时传感器节点的消耗

通信类型	电流 /mA	电压 /V	功耗 /mW
6LoWPAN node	24.6	3.3	81.2
Wi-Fi node	114	3.3	376.2
Bluetooth 2.0 node	56.9	3.3	187.7
BLE node	31.6	3.3	104.4

　　该系统的网关由多个设备构建，如 Pandaboard[40] 和集成了 CC2538 模块[41] 以及 MOD-ENC28J60 以太网模块[42] 的德州仪器（TI）SmartRF06 板。由于 Pandaboard 具有高性能 1.2 GHz 双 ARM Cortex-A9 核心处理器、大内存和高性能硬盘等优势，Pandaboard 被视为执行算法和服务的网关核心组件[40]。此外，Pandaboard 可以支持多种操作系统，包括 Windows CE、WinMobile、Symbian、Linux 和 Palm。通过应用其中一个操作系统，可以有效地管理资源。例如，Windows 和 Linux 中的硬件抽象可以避免因同时访问相同硬件而导致的冲突。尽管 Pandaboard 不支持所有无线通信协议，但它支持普遍的无线和有线通信协议，如 802.11 b/g/n、蓝牙和以太网。为了处理其他无线协议，Pandaboard 配备了德州仪器（TI）SmartRF06 板，该板集成了 CC2538 模块，用于支持 Zigbee 和 6LoWPAN[41]。

　　虽然雾计算能够提供大量高级服务，如本地存储和推送通知，但云的作用同样不可忽视。例如，可以通过云连接解决雾计算单元的本地存储限制，比如有限的存储容量和有限的可访问性。在我们的实现中，远程服务器构建云可以用于处理客户端请求，运行复杂算法，增强雾层服务，以及通过提供请求数据和图形用户界面来响应数据。此外，还可以使用"heliohost.org"提供的免费服务，包括具有远程访问工具的 MySQL 服务器。

　　根据特定服务，应使用雾或云或二者结合来实现服务。例如，表 8.3 表明雾层的决策在延迟方面比在云更具优势。在延迟测量期间可使用 Wi-Fi 和 BLE 2 种协议。网关目前实现的功能称为 UT-GATE，如数据融合、数据压缩和本地存储等。

表 8.3　对基于本地雾计算和基于远程云的场景的驱动延迟进行感知比较

传感驱动回路延迟	Wi-Fi/ms	BLE/ms
基于雾（局部：UT-GATE）	21	33
基于云（远程：云）	161	176

8.4.2　雾层的数据压缩

　　为了减少数据传输量，从而使系统更加节能，在雾层中应用了数据压缩。压缩率取决于特定的数据压缩方法。例如，有损压缩方法具有 50∶1 的高压缩率，而无损压缩方法可以实现 8∶1 ~ 9∶1 的压缩率。如上所述，数据丢失可能会在医疗保健领域造成严重后果。因此，在我们的应用中，无损压缩方法被用于压缩如心电图和肌电图等生物信号。但是，并非所有无损压缩方法都能满足 IEEE 1073[43] 定义的实时应用的延迟要求。我们选择在雾层中使用 LZW[44] 算法，因为该算法可以快速压缩并且在解压缩时不会丢失任何数据。当输入数量增加时，LZW 压缩算法的计算效率也会随之增加。例如，当输入大小增加 10 倍时，计算时间增加 8 倍。但是，在这种情况下，延迟会急剧增加。因此，必须仔细选择用于数据压缩的输入数据大小，以实现计算效率并满足健康监测的实时要求。

　　表 8.4 显示了在网关上进行 LZW 压缩和解压缩的时间结果。在我们的应用中，肌电图数据可以从 8 个通道获取，每个通道的数据速率为 1000 个样本/秒，每个样本大小为 24 位。LZW 算法使用 120 个样本作为其输入数据以实现较高计算效率。连接到网关的传感器节点数量从 1 个节点到 50 个节点不等。结果表明，网关接收数据增加时其运行效率也会随之提高。

表 8.4　UT-GATE 的压缩情况和延迟减小率

传感器节点连接到 UT-GATE 的数量	1	2	5	10	50
模拟通道数	8	8	8	8	8
数据大小（120 个样本）/B	8400	16800	42000	84000	420000
压缩数据大小 /B	808	1597	3893	7696	38333
压缩时间 /ms	3.1	4.4	9.2	16.6	73.0
解压时间 /ms	3.3	4.6	11.3	23.0	83.9
总时间（包括计算、传递和分解）/ms	12.86	21.77	51.64	101.16	463.5
未处理数据的传输时间 /ms	67.2	134.4	336	672	3360
减少的总延迟 /%	80.8	83.8	84.6	84.8	86.1

8.4.3　雾层数据处理的优势

在实时健康监测应用程序中，捕获实时流数据并处理运行状况指标。在图 8.2 所示的基于物联网的监测系统中，用于信号处理的计算资源分布在各层，但各层的容量不同。如 8.2.3 中所示，在系统中的雾层处理流数据有以下两大优势。

（1）通过将流数据处理从传感器节点转移到雾层，提高传感器节点的能源效率。

（2）通过减少数据，减缓从传感器节点到云的数据传输延迟。

为了证明这 2 个优势，在实现的系统中进行了 3 种不同场景的测试。它们分别是：① 传感器节点上应用信号处理，网关接收并将处理后的数据传递给云；② 网关中接收原始数据并将处理后的数据传输到云（也可以被视为雾 – 辅助云计算）；③ 云中将原始数据通过传感器节点和雾层直接传递给云。在 MIT-BIT 心律失常数据库[45]上应用了 Q、R、T 波提取的心电图信号处理算法。心电图数据的信号处理包括降噪、小波分解和提取波的峰值检测，如图 8.7 所示。

除了峰值检测之外，还要从 R 到 R 的间隔计算心率。在这 3 种情况下，传感器节点的能量消耗、从网关到云端的样本量以及其数据传输时间都被测量和计算，以便进行比较。

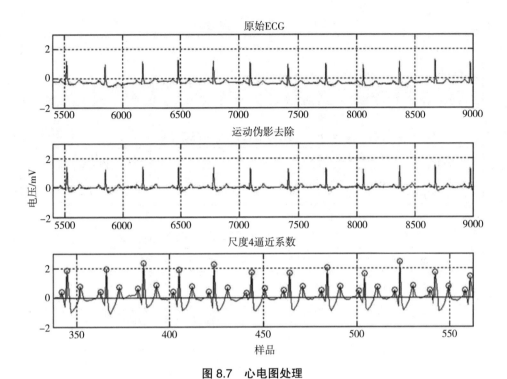

图 8.7　心电图处理

　　关于传感器节点的能效测试,在 Aruidno Due 保存了 1000 个心电图数据样本(每秒 360 个样本),其与 ESP8266 Wi-Fi 模块一起充当传感器节点。为了模拟传感器节点上每 1000 个样本的实时心电图数据处理,传感器节点首先等待数据采集,然后进行数据处理和传输。通过监测执行时间和电流消耗来获取传感器节点上关于处理能量消耗的成本。表 8.5 中可以看到 3 种场景下的结果,当将信号处理任务外包给后层时,传感器节点可以节省大约 55.7% 的时间成本。

　　为了研究雾计算在网关和云服务器之间数据传输延迟的优势,首先计算 3 种场景下的样本量,如表 8.6 所示。表 8.7 列出了在 3 种不同网络条件下从雾到云实际节省的数据传输时间。可以看出,对于每 1000 个心电图数据样本,由于之前 2 层的信号处理,样本大小在云处减少了 74.1%。雾层中的信号处理时间和数据传输时间都可视为传输延迟。如表 8.7 所示,传输延迟明显减少,特别是在负载较重的 Wi-Fi 网络中。

表 8.5　为传感器节点提供能效

项目	时间	电流	能耗
传感器节点处理（集合 + 执行）	2.78 s + 101 ms	10.1 mA + 106.8 mA	127.34 mJ
网关 / 云处理（发送原始数据）	95 ms	180 mA	56.34 mJ

表 8.6　从雾传送到云的样品数量

项目	传感器处理节点或 UT-GATE	云处理	提升率 /%
不放回抽样	259	1000	74.1

表 8.7　在 240KB 的原始样本下网关和云服务器之间的延迟减少率

网络条件	数据速率 / Mbits·s^{-1}	原样本传输时间 /ms	原样本 + 处理后样本的传输时间 /ms	延迟减少 /%
轻载	18	106.6	96.3 + 6.6	3.5
中载	12	152.2	96.3 + 9.5	30.5
重载	9	213.3	96.3 + 13.5	48.5

8.4.4　雾层的本地存储、通知和安全性

8.2.1 中解释的大多数数据管理雾服务都利用了雾层中网关的本地存储功能。从 6LoWPAN 模块通过网关中的 UDP 服务器和 5700 端口传入的数据，以及从 RTX Wi-Fi 模块传入的数据被汇总到存储器中。网关上的蓝牙模块还可以接收蓝牙传感器模块的数据。本地存储利用 MySQL（一种免费的跨平台数据库系统）数据库实现，利用数据库引擎提供的联合功能与云存储进行数据同步。在云端和网关中使用相同的表模式，可以实现数据轻松迁移而无须映射到其他格式。

在同步过程中，本地数据存储大约需要 30 min。在与云连接失败的情况下，只要存在连接或网络内存不足，网关就会自动存储数据。在连接中断的情况下，网关会删除旧数据并且还提供附加的用户服务，如用户通知和本地数据访问。通知服务可以像上面提到的那样使用，也可以配置成与基于云的通知服务一起运行。

为了保护系统，实现了端到端的安全模式。该模式为终端用户提供高级别的身份验证和授权。此外，该模式能够保证系统安全，而传感器节点在可移

动的情况下不需要重新配置。详细信息和模式的实现在［33］中进行了解释。

当收到来自其他服务（如心电图特征提取或预警服务）的警报信号时，网关中的通知服务可以立即被触发。为了减轻雾层的负担并提供全局通知，通知服务主要建立在云端。雾层的推送通知仅负责通过以 XML 格式告知云端的推送通知，如表 8.8 所示。除了雾和云的推送通知服务之外，还创建了一个用于支持推送通知服务的移动应用程序。当它收到来自云端通知服务的信号时，就会立即在终端用户的手机上弹出一条文本信息，以通知警报情况。

表 8.8　XML 状态代码和描述

代码	描述
0	无效的请求或错误
1	通知——（总数）
2	没有新的通知

8.4.5　用于互操作的 WebSocket 服务器

为了增强医疗保健物联网的互操作性，我们在雾层实施了一个嵌入式 Websocket 服务器。它是使用 Python 框架编写的，被称为 Tornado，它是一个异步网络服务器框架。该服务器侦听 UDP 连接，并且可以与客户机节点建立全双工通信。该设置用于收集来自传感器节点的心电图信号。每条消息包含来自 400 个心电图样本的 800 字节数据，平均速度为 1.1 KB / s。具有接口的客户端节点还可以访问网关上托管的 HTML 页面，以查看接收到的被渲染成图表的信息。这还可以扩展到加强服务，以监听各种传输层协议套接字，从而实现互操作性。

8.5　雾计算的相关应用

物联网架构中的 3 层物理分离是近年来常见的方法。然而，在此之前，传感器节点和云之间的客户服务器方法是一种通常的实现方式。在这 2 种情况下，云计算和物联网技术的融合在医疗保健应用领域彰显了优势[46]。物联网允许将对象集成到信息网络中，因此在医疗保健场景下，不同的医疗传感器可以持续地从患者处收集健康数据。这些数据被传输到远程云服务器，进行有关用例需求的分析和决策。使用数据分析和机器学习方法，预估患者的医疗状况、进行医疗决策，并为患者和健康专业人员提供通知[47, 48]。在另一项研究中，比姆查斯（Bimschas）等人[49]通过应用代码的执行，在雾层的网关中实现了基本的学习和智能，使它们能够在协议、智能缓存和发现之间进行转换。

雾计算在不同领域的应用也是一个相当活跃的研究领域。与本章中雾计算在医疗领域的应用相关，史（Shi）等人[50]在类似的背景下使用了雾计算。其工作激发了各领域对雾计算的需求，并突出了医疗保健应用的低延迟要求。此外，它还强调了物联网网络末端传感器和执行器的资源限制。为了满足延迟要求并支持终端设备，他们对雾计算的实现提供了服务，如在线数据分析和各种通信协议的互操作性。在将雾计算用于医疗保健的另一项研究[51]中，研究人员开发了用于雾层的网关来为医疗保健领域提供服务。与之前的工作类似，该网关为传感器节点的各种网络协议提供互操作性，并通过无线网或以太网与云实现通信。该网关用于医疗应用程序，在患者护理机构中进行紧急护理。还用于监测患者，跟进他们的用药情况。此外，他们的工作考虑了数据的语义互操作性，以获得高质量的医疗信息服务。相比之下，本章从更全面的实现医疗应用的一般雾计算服务开始，并展示使用这些服务的具体案例。此外，斯坦切夫（Stantchev）等人在其研究[52]中提出了将3层方法应用于医疗保健方案的优势。该方法侧重于医疗保健物联网的服务化和业务方面。与本章介绍的研究相比，他们的工作重点是高水平架构方面，而本章则介绍了一个真实的案例研究和服务的试验评估。

如本章所述，在医疗保健应用中利用雾计算可以减缓系统的延迟，增强传感器节点设备的能效。雾计算的这些优势对于响应时间敏感且需要分布式分析的医疗保健应用程序尤为重要。除了预警评分和心电图特征提取的案例研究之外，研究人员还提出了一些采用雾辅助架构的远程医疗监测应用。曹（Cao）等人[53]在具有雾计算的架构中实现了一个用于缓解中风的跌倒监测应用，其响应时间和能源消耗最小。门罗（Moneiro）等人[54]展示了雾计算在其语音远程治疗应用中的功效，其中从智能手表收集的语音数据在雾层中被存储和处理，仅将语音特征发送到安全云。类似地，包括用脑电图进行普适性大脑监测、整合异质数据的应急响应系统和老年人的环境辅助生活等应用都考虑利用雾的系统结构[55-57]。此外，如上所述，安全性在所有基于物联网的健康监测系统中起着重要作用。在［33］中，作者提供了一种端到端的基于雾的模式，用于增强基于物联网的健康监测系统的安全级别。其结果表明，通过在雾层中应用安全模式，即使在传感器节点移动的情况下，也可以保护整个物联网系统。在［25］中作者表明，通过应用雾层的服务可以显著降低延迟和大量的传输数据。

8.6 结论

本章重点介绍雾计算在医疗互联网领域的应用。作为一个案例研究，突出了雾计算的好处并且提出了一套服务，使医疗保健物联网成为可能，并在雾计算的智能网关的实施中加以利用。这些服务旨在解决物联网的关键问题，重点是解决医疗保健功能需求。这些由智能网关组成的地理分布网络（每个处理1 组传感器节点或患者）形成该架构中的雾层。该网关集群提供连续的患者监测手段，而不限制患者在覆盖区域中的移动。

雾计算通过减少通信延迟和提高系统一致性，为远程患者监测提供服务。为此，该技术在本地处理患者的生命体征，用来为用户提供本地通知。此外，为了进一步分析，还将感官数据连同获得的结果一起发送到云服务器。对雾服务的细节和优势进行分析，并提出性能评估。某些服务可以复制或分割为多个，如带有雾层的传感器层或带有云的雾层。这种实施的具体情况取决于特定的服务和功能。实施位置的不正确决策会导致能源消耗、延迟和性能方面的低效率。例如，在将数据从传感器节点发送到雾层之前，应首先在节点处降低噪声。雾可用于实现先进和复杂的噪声消除和信号处理方法，以提高收集数据的质量。云层应该用于实现更高级的服务，如复杂的机器学习算法。为了在传感器节点处实现高水平的能量效率，必须考虑处理和通信。最后，特定的医疗用例可能具有额外的设计约束，需要对雾层服务的行为进行微调。

8.7 参考文献

［1］European Commission Information Society, Internet of Things Strategic Research Roadmap（2009）, http://www.internet-of-things-research.eu/. Accessed 14 July 2015.
［2］European Commission Information Society, Internet of Things in 2020: a Roadmap for

the Future（2008），http://www.iot-visitthefuture.eu. Accessed 14 July 2015.

［3］A. Dohr, R. Modre-Opsrian, M. Drobics, D. Hayn, G. Schreier, The internet of things for ambient assisted living, in *Proceedings of the International Conference on Information Technology: New Generations*（2010），pp.804–809.

［4］D. Miorandi, S. Sicari, F. De Pellegrini, I. Chlamtac, Internet of things: vision, applications and research challenges. Ad Hoc Networks 10（7），1497–1516（2012）.

［5］M. Carmen Domingo, An overview of the internet of things for people with disabilities. J. Netw. Comput. Appl. 35（2），584–596（2012）.

［6］H. Yan, L. Da Xu, Z. Bi, Z. Pang, J. Zhang, Y. Chen, An emerging technology-wearable wireless sensor networks with applications in human health condition monitoring. J. Manage. Anal. 2（2），121–137（2015）.

［7］Y.J. Fan, Y.H. Yin, L.D. Xu, Y. Zeng, F. Wu, Iot-based smart rehabilitation system. IEEE Trans. Ind. Inf. 10（2），1568–1577（2014）.

［8］B. Farahani, F. Firouzi, V. Chang, M. Badaroglu, K. Mankodiya, Towards fog-driven IoT eHealth: promises and challenges of IoT in medicine and healthcare. Elsevier Future Gen-eration Computer Systems（2017）.

［9］C.E.Koop,R.Mosher,L.Kun,J.Geiling,E.Grigg,S.Long,C.Macedonia,R.Merrell, R. Satava, J. Rosen, Future delivery of health care: Cybercare. IEEE Eng. Med. Biol. Mag. 27（6），29–38（2008）.

［10］European Research Cluster on the Internet of Things, IoT semantic interoperability: research challenges, best practices, solutions and next steps, in *IERC AC4 Manifesto-"Present and Future"*（2014）.

［11］B. Xu, L.D. Xu, H. Cai, C. Xie, J. Hu, F. Bu, Ubiquitous data accessing method in IoT-based information system for emergency medical services. IEEE Trans. Ind. Inf. 10（2），1578–1586（2014）.

［12］L. Jiang, L.D. Xu, H. Cai, Z. Jiang, F. Bu, B. Xu, An IoT-oriented data storage framework in cloud computing platform. IEEE Trans. Ind. Inf. 10（2），1443–1451（2014）.

［13］F. Bonomi, R.Milito, J.Zhu, S.Addepalli, Fog computing and its role in the internet of things, in *Proceedings of the First Edition of the MCC Workshop on Mobile Cloud Computing*（2012），pp.13–16.

［14］M.Aazam,E.N.Huh,Fog computing micro datacenter based dynamic resource estimation and pricing model for IoT, in *2015 IEEE 29th International Conference on Advanced Information Networking and Applications*（2015），pp.687–694.

［15］M. Aazam, E.N. Huh, Fog computing and smart gateway based communication for cloud of things, in *2014 International Conference on Future Internet of Things and Cloud*（*FiCloud*）（2014），pp.464–470.

［16］A.-M. Rahmani, N.K. Thanigaivelan, T.N. Gia, J. Granados, B. Negash, P. Liljeberg, H. Ten-hunen, Smart e-Health gateway: bringing intelligence to IoT-based ubiquitous healthcare systems, in *Proceeding of 12th Annual IEEE Consumer Communications and Networking Conference*（2015）, pp.826–834.

［17］A.M.Rahmani, T.N.Gia, B.Negash, A.Anzanpour, I.Azimi, M.Jiang, P.Liljeberg, Exploiting smart e-health gateways at the edge of healthcare internet-of-things: a fog computing approach. Futur.Gener.Comput.Syst.（2017）.In Press,Corrected Proof. https://doi.org/10.1016/j.future. 2017.02.014.

［18］Health Level Seven Int'l, Introduction to HL7 Standards（2012）. www.hl7.org/ implement/ standards. Accessed 30 July 2015.

［19］M.L. Hilton, Wavelet and wavelet packet compression of electrocardiograms. IEEE Trans. Biomed. 44（5）, 394–402（1997）.

［20］Z. Lu, D. Youn Kim, W.A. Pearlman, Wavelet compression of ECG signals by the set partitioning in hierarchical trees algorithm. IEEE Trans. Biomed. 47(7), 849–856(2000).

［21］R. Benzid, A. Messaoudi, A. Boussaad, Constrained ECG compression algorithm using the block-based discrete cosine transform. Digital Signal Process. 18（1）, 56–64（2008）.

［22］H.F.Durrant-Whyte,Sensor models and multisensory integration. Int.J.Rob.Res.7（6）,97–113（1988）.

［23］T.N. Gia, T. Igor, V.K. Sarker, A.-M. Rahmani, T. Westerlund, P. Liljeberg, H. Tenhunen, IoT-based fall detection system with energy efficient sensor nodes, in *IEEE Nordic Circuits and Systems Conference*（*NORCAS'16*）（2016）.

［24］T.N. Gia, M. Jiang, A.-M. Rahmani, T. Westerlund, K. Mankodiya, P. Liljeberg, H. Tenhunen, Fog computing in body sensor networks: an energy efficient approach, in *IEEE International Body Sensor Networks Conference*（*BSN'15*）（2015）.

［25］T.N. Gia, M. Jiang, A.M. Rahmani, T. Westerlund, P. Liljeberg, H. Tenhunen, Fog computing in healthcare internet of things: A case study on ecg feature extraction, in *Proceeding of International Conference on Computer and Information Technology*（2015）, pp.356–363.

［26］B.Negash, A.M.Rahmani, T.Westerlund, P.Liljeberg, H.Tenhunen, Lisa: light weight internet of things service bus architecture. Procedia Comput. Sci. 52, 436–443（2015）. The 6th International Conference on Ambient Systems, Networks and Technologies（ANT-2015）, the 5th International Conference on Sustainable Energy Information Technology（SEIT-2015）.

［27］N. Paul, T. Kohno, D.C. Klonoff, A review of the security of insulin pump infusion systems. J. Diabetes Sci. Technol. 5（6）, 1557–1562（2011）.

［28］netfilter/ iptables-nftables project. http://netfilter.org/projects/nftables/.Accessed 24 July 2015.

［29］G. Kambourakiset, E. Klaoudatou, S. Gritzalis, Securing medical sensor environments: the CodeBlue Framework case, in *Proceeding of the Second International Conference on Availability, Reliability and Security*（2007）, pp.637–643.

［30］R. Chakravorty, A programmable service architecture for mobile medical care, in

Proceeding of Fourth Annual IEEE International Conference on Pervasive Computing and Communications Workshops（2006），pp. 5, 536.

［31］J.Ko, J.H.Lim, Y.Chen, R.Musvaloiu-E, A.Terzis, G.M.Masson, T.Gao, W.Destler, L. Selavo, R.P. Dutton, Medisn: medical emergency detection in sensor networks. ACM Trans. Embed. Comput. Syst. 10（1），11:1–11:29（2010）.

［32］S.R. Moosavi, T.N. Gia, A. Rahmani, E. Nigussie, S. Virtanen, H. Tenhunen, J. Isoaho, SEA: a secure and efficient authentication and authorization architecture for IoT-based healthcare using smart gateways, in *Proceeding of 6th International Conference on Ambient Systems, Networks and Technologies*（2015），pp.452–459.

［33］S.R.Moosavi,T.N.Gia,E.Nigussie,A.Rahmani,S.Virtanen,H.Tenhunen,J.Isoaho,Session resumption-based end-to-end security for healthcare internet-of-things, in *Proceeding of IEEE International Conference on Computer and Information Technology*（2015），pp.581–588.

［34］PyCrypto API Documentation, https://pythonhosted.org/pycrypto/. Accessed 26 May 2016.

［35］Texas Instruments, Low-Power, 2-Channel, 24-Bit Analog Front-End for Biopotential Measurements（2012）.

［36］Texas Instruments, ECG Implementation on the TMS320C5515 DSP Medical Development Kit（MDK）with the ADS1298 ECG-FE（2011）.

［37］RTX Real-Time Operating System, http://www.keil.com/rl-arm/kernel.asp. 04 August 2015.

［38］R. Barry, *Using The FreeRTOS Real Time Kernel, Microchip PIC32 Edition*. FreeRTOS Tutorial Books（2010）.

［39］A.Dunkels, B.Gronvall, T.Voigt, Contiki-a lightweight and flexible operating system for tiny networked sensors, in *Proceeding of International Conference on Local Computer Networks*（2004），pp.455–462.

［40］OMAP®4,PandaBoard System Reference Manual（2010），http://pandaboard.org. Accessed 04 August 2015.

［41］SmartRF06, Evaluation Board User's Guide（2013），http://www.ti.com/lit/ug/ swru321a/ swru321a.pdf. Accessed 04 August 2015.

［42］Olimex, MOD-ENC28J60 development board, Users Manual（2008）. https:// www.olimex. com/Products/Modules/Ethernet/MOD-ENC28J60/resources/MOD-ENC28J60.pdf.Accessed 04 August 2015.

［43］IEEE standard for medical device communication, overview and framework, in *ISO/ IEEE 11073 Committee*（1996）.

［44］V.S. Miller et al., Data compression method. US4814746 A, Filing date August 11, 1986. Publication date March 21,1989.

［45］G.B. Moody, R.G. Mark, The impact of the MIT-BIH arrhythmia database. Eng. Med. Biol. Mag. IEEE 20（3），45–50（2001）.

[46] S. Luo, B. Ren, The monitoring and managing application of cloud computing based on internet of things. Comput. Methods Programs Biomed. 130, 154–161（2016）.

[47] J. Gomez, B. Oviedo, E. Zhuma, Patient monitoring system based on internet of things. Proc. Comput. Sci. 83, 90–97（2016）.

[48] G. Ji, W. Ouyang, K. Yang, G. Yang, Skin-attached sensor and artifact removal using cloud computing, in *7th International Conference on e-Health*（*eHealth2015*）（2015）.

[49] D.Bimschas, H.Hellbrück, R.Mietz, D.Pfisterer,K.Römer, T.Teubler, Middleware for smart gateways connecting sensornets to the Internet, in *Proceedings of the International Workshop on Middleware Tools,Services and Run-Time Support for Sensor Networks*（2010）, pp.8–14.

[50] Y. Shi, G. Ding, H. Wang, H.E. Roman, S. Lu, The fog computing service for healthcare, in *2015 2nd International Symposium on Future Information and Communication Technologies for Ubiquitous HealthCare*（*Ubi-HealthTech*）, May 2015, pp.1–5.

[51] L. Prieto González, C. Jaedicke, J. Schubert, V. Stantchev, Fog computing architectures for healthcare: wireless performance and semantic opportunities. J. Inf. Commun. Ethics Soc. 14（4）, 334–349（2016）.

[52] V. Stantchev, A. Barnawi, S. Ghulam, J. Schubert, G. Tamm, Smart items, fog and cloud computing as enablers of servitization in healthcare. Sens. Transducers 185（2）, 121（2015）.

[53] Y. Cao,S.Chen, P. Hou,D.Brown,Fast: a fog computing assisted distributed analytics system to monitor fall for stroke mitigation, in *2015 IEEE International Conference on Networking, Architecture and Storage*（*NAS*）（IEEE, New York, 2015）, pp.2–11.

[54] A. Monteiro, H. Dubey, L. Mahler, Q. Yang, K. Mankodiya, Fit a fog computing device for speech teletreatments. arXiv preprint arXiv:1605.06236（2016）.

[55] O. Fratu, C. Pena, R. Craciunescu, S. Halunga, Fog computing system for monitoring mild dementia and COPD patients-Romanian case study, in *2015 12th International Conference on Telecommunication in Modern Satellite, Cable and Broadcasting Services*（*TELSIKS*）（IEEE, New York, 2015）, pp.123–128.

[56] J.K. Zao, T.-T. Gan, C.-K. You, C.-E. Chung, Y.-T. Wang, S. José Rodríguez Méndez, T. Mullen, C. Yu, C. Kothe, C.-T. Hsiao, et al., Pervasive brain monitoring and data sharing based on multi-tier distributed computing and linked data technology. Front. Hum. Neurosci. 8（370）, 1–16（2014）.

[57] M. Abu-Elkheir, H.S. Hassanein, S.M.A. Oteafy, Enhancing emergency response systems through leveraging crowdsensing and heterogeneous data, in *Wireless Communications and Mobile Computing Conference*（*IWCMC*）, *2016 International*（IEEE, New York, 2016）, pp.188–193.